生态文明下的美丽抽水蓄能电站
环境设计研究与实践

中国电建集团华东勘测设计研究院有限公司

傅　睿　王斌斌　俞　芸　编著

中国水利水电出版社
www.waterpub.com.cn
·北京·

内容提要

本书主要通过了解抽水蓄能电站建设特点和发展历程，分析生态文明下的抽水蓄能电站建设要求，提炼设计愿景和技术路径，介绍具体设计内容以及列举工程实例等方式总结生态文明下的美丽抽水蓄能电站环境设计要点。本书共分8章，内容包括抽水蓄能电站概况、生态文明下的抽水蓄能电站建设要求、生态文明下的美丽抽水蓄能电站环境设计思考、秉承“保护中建设，建设中保护”的环境基底设计、基于“地域文化，电站形象”的建筑设计、注重“以人为本，特色彰显”的景观设计、探索“立足自身，协调区域”的综合利用规划、实践案例。

本书适合从事抽水蓄能电站规划设计、施工建设、运营管理等方面的技术人员和管理人员阅读参考。

图书在版编目（CIP）数据

生态文明下的美丽抽水蓄能电站环境设计研究与实践／傅睿，王斌斌，俞芸编著. -- 北京 ：中国水利水电出版社，2023.12
ISBN 978-7-5226-1861-6

Ⅰ. ①生… Ⅱ. ①傅… ②王… ③俞… Ⅲ. ①抽水蓄能水电站－环境设计 Ⅳ. ①TV743

中国国家版本馆CIP数据核字(2023)第198137号

书　　名　生态文明下的美丽抽水蓄能电站环境设计研究与实践
SHENGTAI WENMING XIA DE MEILI CHOUSHUI XUNENG DIANZHAN HUANJING SHEJI YANJIU YU SHIJIAN
作　　者　傅　睿　王斌斌　俞　芸　编著
出版发行　中国水利水电出版社
（北京市海淀区玉渊潭南路1号D座　100038）
网址：www.waterpub.com.cn
E-mail：sales@mwr.gov.cn
电话：(010) 68545888（营销中心）
经　　售　北京科水图书销售有限公司
电话：(010) 68545874、63202643
全国各地新华书店和相关出版物销售网点
排　　版　北京金五环出版服务有限公司
印　　刷　北京印匠彩色印刷有限公司
规　　格　210mm×285mm　16开本　9.75印张　257千字
版　　次　2023年12月第1版　2023年12月第1次印刷
定　　价　258.00元

本书编委会

序 一

作者与施奠东先生
合影于 2023 年 8 月

二十多年前一个天气晴朗的下午，我曾去绿水青山、风光旖旎的竹乡安吉，参观了刚刚建成的天荒坪抽水蓄能电站。我们开了近半小时车，抵达近千米的高山之巅，只见两座山峰之间的一片千亩洼地上，赫然出现一座约四百多亩的梨形人工水库（尚未蓄水的上水库），犹如一座巨型的下沉式运动场，十分令人震撼，至今尚依稀记得当年的情景。当时，我就觉得这项新工程是人类智慧的杰作，是遵循自然规律、顺应自然、巧妙利用自然的成果。在当今人类面临环境污染、全球气候变暖的情况下，世界各国都致力于用清洁能源替代非再生又严重污染环境的石化能源，减少温室气体排放。抽水蓄能电站巧妙地利用错峰用电功能，无疑具有极大的优越性和开发潜力。

当然，抽蓄电站选址于拥有充足水资源的特殊地理环境，利用地形的高差上下泄蓄，这就需对原有山地的自然环境进行较大改造。在工程建设和原地形地貌改造中，如何尽量减少对生态环境的破坏以及工程竣工后进行生态修复，这就需要风景园林学科的参与。

风景园林学是一门研究如何保护、合理利用自然和人文资源，创建生态健全、风景优美、文化丰硕、可持续发展的综合性学科。它的核心是依循“天人合一”的宇宙观，尊重自然、顺应自然、保护自然、美化自然，促进人与自然和谐统一。它是艺术和科技相融合的学科。我十分高兴地看到，华东院的同仁把抽蓄电站作为一个特殊的环境类型，运用风景园林学原理对此进行研究，并在多项工程实践中进行分析总结，提出了不少创新性的意见，特别是综合利用规划及其指标评价体系，对这种类型的环境营造建设是十分有意义的，也为风景园林学科拓展了一个新的领域。

我相信发挥风景园林学科的专业优势，介入到抽蓄电站建设过程中，一定能为在绿水青山自然条件下，创建生态健全、环境优美、人与自然高度和谐的抽蓄电站提供很大的助益，对从事水电工作的同志们或许有所启发。

我绝对是水电专业的门外汉，对这个专业的特殊要求也茫然无知。华东院的风景园林同仁要我为本书写几句，就勉为其难了，能为我国建设生态、美好的抽蓄电站添上一砖，此其幸甚！

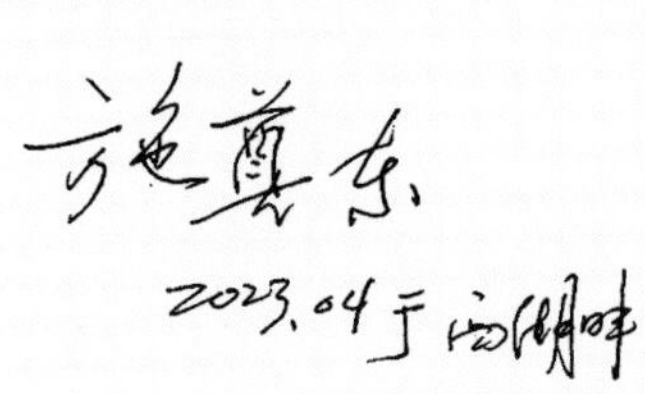

序 二

抽水蓄能电站在电力系统中具有调峰填谷、调频调相、事故备容、黑启动的作用，是电网安全高效运行的重要保障。国家“2030 年前实现碳达峰，2060 年前实现碳中和”的战略，为抽水蓄能电站的建设带来了重大的发展机遇，截至 2022 年年底，我国在运抽水蓄能电站装机容量合计 4579 万千瓦，在建抽水蓄能电站共计 98 座，装机容量合计 12100 万千瓦。已建、在建抽水蓄能电站装机容量合计 16679 万千瓦，装机规模居世界第一。根据《抽水蓄能中长期发展规划（2021—2035 年）》，到 2030 年我国抽水蓄能电站总规模预计将达 1.2 亿千瓦。大型抽水蓄能电站通常选址在有水源的山谷地带，其上水库形成的“天池”、下水库形成的峡谷湖泊风景优美；地下发电厂房是现代工业产品的集成展示；对外交通和上下水库连接公路的建设又提供了便利的交通条件。因此，抽水蓄能电站不仅在电力系统中发挥重要作用，同时为旅游休闲度假提供了很好的基础条件，其综合效益潜力较大，对其环境设计也提出了更高的要求。

华东勘测设计研究院是我国最早从事大型抽水蓄能电站设计，也是世界上设计抽水蓄能电站数量最多的设计单位。本书是华东勘测设计研究院在长期从事抽水蓄能电站环境景观设计的过程中，在积累的大量工程实践的基础上，进行的系统而全面的探索总结。

本书针对抽水蓄能电站的工程特性，结合生态文明要求，以构建自然生态、风景优美、多元发展的电站为目标，提出美丽抽水蓄能电站的建设理念。从电站的环境基底设计、建筑设计、景观设计以及综合利用规划等方面进行系统论述，形成了具有特色的美丽抽水蓄能电站环境设计的方法和技术体系。同时介绍了多个具有代表性的环境设计实践案例。

总之，本书是美丽抽水蓄能电站设计领域的处女作，对抽水蓄能电站建设品质提升和提高综合效益具有较高的价值和工程实践意义。

2023年12月28日

前言

抽水蓄能电站是利用电力负荷低谷时的电能抽水至上水库，在电力负荷高峰期再放水至下水库发电的水电站，又称蓄能式水电站。它可将电网负荷低时的多余电能，转变为电网高峰时期的高价值电能，还适于调频、调相，稳定电力系统的周波和电压，且宜为事故备用，还可提高系统中火电站和核电站的效率。我国抽水蓄能电站建设起步较晚，但由于后发效应，起点较高，近年建设的几座大型抽水蓄能电站所应用的技术已处于世界先进水平。

基于抽水蓄能电站（以下简称抽蓄电站）的工作原理和特点，其选址一般靠近负荷中心或者大型核电、火电发电厂，且地形高差大，往往和城市或者景区具有紧密的关系。一般来说，便捷的交通条件、较好的可达性、靠近城市建成区，又具备天然高差的地形条件，诸般种种都是抽蓄电站建设的有利条件。抽蓄电站得到越来越多的关注，其生态保护和修复也显得尤为重要。

目前抽蓄电站的生态化建设探索已积累一些经验，出台了如《抽水蓄能电站生态规划导则》等企业标准，对抽蓄电站的生态化建设起到了很好的指导作用。在生态文明建设日益受到关注的今天，我们重新系统地思考抽蓄电站的生态环境建设。

国家对生态文明建设的持续关注，我们觉得系统思考抽蓄电站生态环境建设正当其时。党的十八大以来，以习近平同志为核心的党中央站在战略全局的高度，对生态文明建设和生态环境保护提出一系列新思想、新论断、新要求，为努力建设美丽中国，实现中华民族永续发展，走向社会主义生态文明新时代，指明了前进方向和实现路径。抽蓄电站建设周期长，建设过程中不可避免地将对区域环境产生一定的扰动。如何事先做好保护规划，实现电站的“保护中建设，建设中保护”以及电站区域环境快速达到新的生态平衡，让电站和区域环境互融共生才是建设美丽抽蓄电站的基础。

抽蓄电站现迎来新一轮的建设高潮，我们认为将抽蓄电站生态化道路的经验借鉴总结并分享是十分必要的。截至 2022 年底，全国在建抽蓄电站 98 座，同时一大批电站正处在前期研究论证阶段。浙江天荒坪抽水蓄能电站、浙江仙居抽水蓄能电站、安徽绩溪抽水蓄能电站等已建电站在生态保护和修复上做了很多工作，取得了很好的成果。通过对前期抽蓄电站生态化道路的总结，及时提炼出重点和难点，无论是他山之石，或是前车之鉴，都能给后续的电站建设提供一定的思考和努力方向，在生态化道路的征途上，少一点弯路，就能多一分绿水青山的本真之美。

国土空间规划对山、水、林、田、湖、草等全空间要素的系统思考，尤其涉及电站相关的山、林、水等资源统筹研究较少，我们觉得这样的生态化道路思考正当其时。构建国土空间规划体系是我国实现国家治理体系和治理能力现代化的重要路径。从“多规合一”试点探索到国土空间规划职能部门的整合，我国正积极推动国家空间规划体系的构建工作。抽蓄电站在选址论证、土地权属办理、枢纽布置及总体规划等方面，充分实现用地适宜性、资源统筹利用，并真正实现国土空间规划体系下的多规合一。

数字化手段和过程统筹管理理念让时间、空间和不同的环境资源得到了逐步融合，我们觉得这样的生态化道路思考正当其时。传统设计图纸和工程管理模式存在一定分时、分段的脱节，部分建设区域的生态保护和统筹受到一定影响。在全生命周期、全要素统筹、全过程控制的数字孪生新模式下，尤其是对抽蓄电站周边环境的实时模拟和动态预测技术与建设过程充分结合，将对环境的可持续保护修复及建设带来全新视野。

城乡一体化、区域经济统筹发展是资源系统利用的全新方向，抽蓄电站本身资源优势所具备的发展潜力需要系统的生态保护以维持其生命活力，我们觉得这样的生态化道路思考正当其时。抽蓄电站往往是一个地方的重大建设工程项目，从工程投资和发电运行角度来说，能给地方政府带来较大的财政收益。随着经济发展逐渐由粗放型向集约型转型，抽蓄电站的独特特征、工业文明属性，以及周边区域的生态环境资源叠加，也有可能创造出高附加值的生态型收益，与电站所在区域的经济发展形成网络辐射和联动效益，对城乡一体化、城市经济转型起到有效促进。

在这样的一些“正当其时”的鼓舞下，我们希望将工作中的经验进行系统总结，以期能够在后续的建设中提供一些借鉴和思考。本书的组织编写单位中国电建集团华东勘测设计研究院（简称华东院），一直是全国抽蓄电站站点规划以及电站勘察、设计方面的先锋企业。截至 2022 年，由华东院负责勘测设计的已建

在建抽水蓄能电站为34座，总装机规模超过4700万kW。设计的国内首个采用全库盆沥青混凝土防渗及高水头混凝土岔道的天荒坪抽水蓄能电站（1800MW）获得全国优秀工程勘察、设计双金奖，国内首个采用土工膜库盆防渗技术、实现与世界自然和文化双重遗产泰山景区完美融合的典范工程泰安抽水蓄能电站（1000MW）获得中国建设工程鲁班奖，国内首台自主研制的高水头（500m水头段）大容量抽水蓄能机组的仙游抽水蓄能电站（1200MW）获得国家优质工程奖金奖，复杂水文地质条件下水库盆复合防渗系统成功应用典范的洪屏抽水蓄能电站（1200MW）获得国家优质工程奖金奖，国内首个采用自主设计制作400MW级可逆机组、首批数字化抽蓄电站的仙居抽水蓄能电站获得国家水土保持生态文明工程称号等。在一系列的典范工程背后，华东院积累了抽蓄电站建设的诸多经验，尤其是在电站生态环境规划设计方面。在2010年浙江仙居抽水蓄能电站生态环境建设的时候，华东院基于抽蓄电站“保护中建设、建设中保护”思想提出了“生态化、园林式、现代型”的生态环境思考。在2012年安徽绩溪抽水蓄能电站生态环境规划设计中，又创造性地提出“一站一品，延续地方文脉特色”的理念思路。在抽蓄电站生态环境规划设计道路上，华东院人一直在思考，也希望这样的思考和经验能够汇聚成生态之笔，持续擦亮“绿水青山就是金山银山”的生态发展底色。

本书适合从事抽蓄电站规划设计、施工建设、运营管理等方面的技术人员和管理人员阅读。华东院人期望能够以实际行动更好地推进生态文明建设，响应绿水青山理念，践行生态发展观，同时面向未来实现永续发展。本书在编写过程中获得了院内和院外多位领导和专家的指导和帮助。另外，在编写过程中参考借鉴了公开发表的相关文献和技术资料，在此一并表示感谢。

由于编者编纂时间有限，限于理论水平和时间的原因，书中难免存在不足甚至错误，敬请读者及行业专家批评指正。

编者

2023年1月

目　录

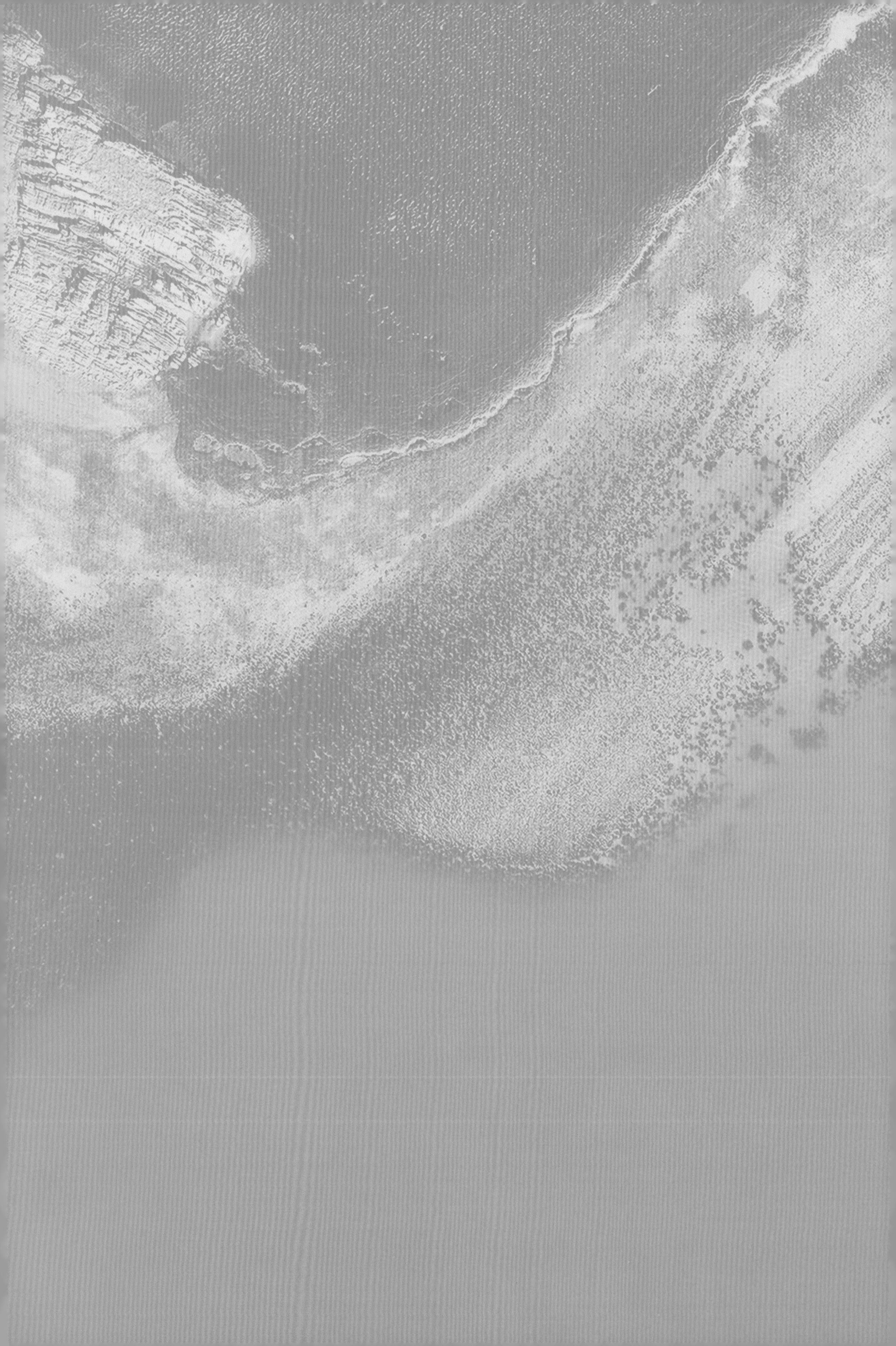

绪论篇

XULUN PIAN

1 抽水蓄能电站概况

1.1 抽水蓄能电站简介

1.1.1 抽水蓄能电站特点

抽水蓄能电站是利用电力负荷低谷时的电能抽水至上水库，在电力负荷高峰期再放水至下水库发电的水电站，又称蓄能式水电站。它与常规水电站相比，除了利用电网低谷时的电能抽水转换成高峰电量，提高电网运行效率外，还适于调频、调相，稳定电力系统的周波和电压以及事故备用，同时还可和风、光等多种新能源互补，提高清洁能源的发电利用效率。

1.1.2 抽水蓄能电站选址特点

由于抽水蓄能电站运行的特殊性，运行过程中既要发电又要抽水，决定其建设选址一般靠近用电负荷中心，且存在天然高差、地质条件较好的区域。因此一般抽水蓄能电站选址靠近大山深处，高差较大的地方。但同时也有部分抽水蓄能电站选址靠近城市建设区，上水库或者下水库与城市建设区相邻或者靠近。

1.1.3 抽水蓄能电站工程布置特点

抽水蓄能电站一般由上水库（池）和下水库（池）、引水系统、电站厂房、尾水部分和水泵水轮机、发电电动机组成（图 1.1–1、图 1.1–2）。

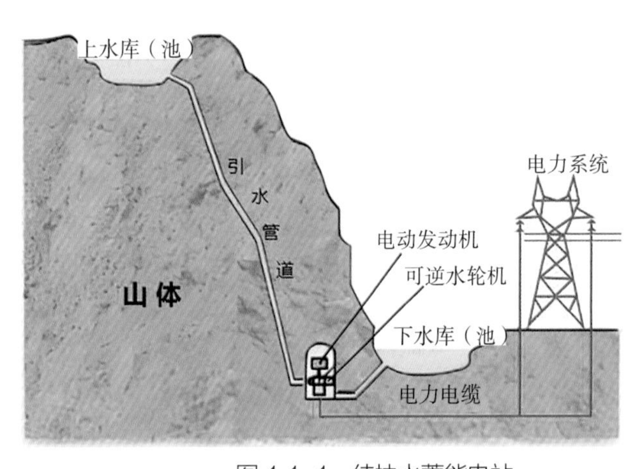

图 1.1–1 纯抽水蓄能电站

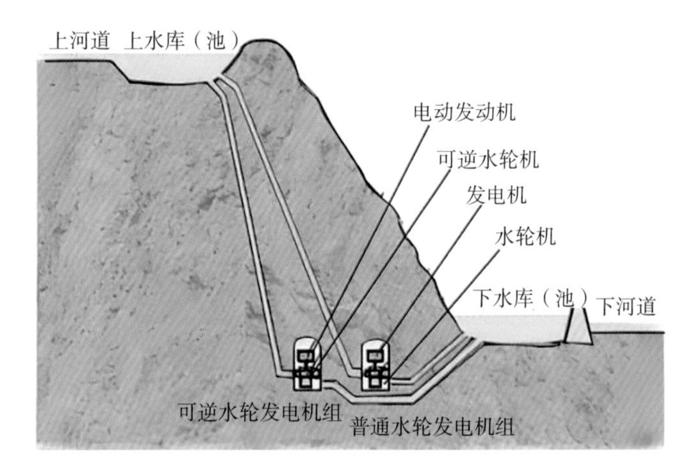

图 1.1–2 混合抽水蓄能电站

1）上水库、下水库：蓄能电站的选址应选取在一个已有水库（池）或附近视地形条件用此水库（池）作为上水库（池），或下水库（池），再修建一个较小的水库（池）；或上、下水库均新建一个较小的水库（池）。有的蓄能电站采用上水库（池）–下水库（池）组合，这类多是混合式抽水蓄能电站；有的电站用下水库–上池组合，这类多是纯蓄能电站。有的蓄能电站也会建在两个较大容量的水库之间。

2）引水系统（高压部分）：包括上水库（池）进水口、隧洞或竖井、压力管道和调压室。上水库（池）

的进水口在发电时是进水口，但到抽水时变成出水口，故称进／出水口。

3）电站厂房：分为地面、半地面和地下三种形式。地下厂房可以放在靠上水库（池），亦可放在靠下水库（池），或放在中间位置，通常称为首部、中部和尾部三种布置方式。

4）尾水部分（低压部分）：水泵水轮机发电时的尾水管，即抽水时的进水管道。

5）水泵水轮机、发电电动机：蓄能电站的核心设备，即抽水蓄能机组。

1.1.4 抽水蓄能电站建设特点

抽水蓄能电站建设周期较长，且对用地范围内的生态环境存在一定影响。由于抽水蓄能电站自身特点，工程范围内一般存在众多山体。在工程建设中不可避免出现较多的开挖场地和开挖边坡，对自然山坡环境产生一定影响。同时，工程建设中会形成众多的弃渣场地、新建建筑设施、主体工程建筑物等，且在电站建成后一般形成上下水库。这些对原有的场地环境是较为显著的改变。因此在电站建设中必须做好"建设中保护，保护中建设"，切实做好生态环境修复、景观风貌统筹等各项工作。

1.2 抽水蓄能电站发展历程

1.2.1 国外抽水蓄能电站发展历程

抽水蓄能电站发展至今已有100多年的历史，1882年瑞士建成了世界上最早的抽水蓄能电站——苏黎世奈特拉抽水蓄能电站，功率515kW，扬程153m。1912年意大利建成了维罗尼抽水蓄能电站。自此抽水蓄能电站便开始在世界范围内广泛发展。在20世纪20年代初期，抽水蓄能电站发展相对缓慢。根据*Water Power & Dam Construction* 2001年年刊所载世界抽水蓄能电站调查表，到1950年，全世界建成抽水蓄能电站28座，投产容量仅约200万kW；进入20世纪60年代后，抽水蓄能电站开始快速发展，60年代抽水蓄能电站装机容量增加1394.2万kW，70年代增加4015.9万kW，80年代增加3485.5万kW，90年代增加2709万kW。20世纪60—80年代是世界抽水蓄能电站的快速发展期。20世纪50年代以前，西欧各国领导世界抽水蓄能电站建设潮流，60年代后期美国抽水蓄能电站快速发展20多年，规模跃居世界第一，进入90年代后日本超过美国成为抽水蓄能电站装机容量最大的国家（图1.2-1）。但后期随着发达国家对于环保的要求不断提高以及电力市场改革带来的风险增加，使得抽水蓄能电站建设成本增加。目前发达国家新建抽水蓄能电站较少，基本上利用现代先进的技术改造原有电站以提升发电效率为主。

国外代表性抽水蓄能电站有美国落基山抽水蓄能电站、美国巴斯康蒂抽水蓄能电站、日本奥清津二期抽水蓄能电站、日本葛野川抽水蓄能电站、德国金谷抽水蓄能电站、日本神流川抽水蓄能电站。

1.2.2 国内抽水蓄能电站发展历程

我国抽水蓄能电站发展起步较晚，但发展迅速。总体概括可分为三大阶段：起步阶段、引进学习发展阶段、自主快速发展阶段。

起步阶段始于20世纪60年代后期，1968年河北岗南水库安装了一台容量1.1万kW的进口抽水蓄能机组，1973年和1975年北京密云水库白河水电站分别改建并安装了两台天津发电设备厂生产的1.1万kW抽水蓄能

图 1.2–1 日本冲绳海水抽水蓄能电站

机组，总装机容量 2.2 万 kW。这两座小型混合式抽水蓄能电站的投运，标志着我国抽水蓄能电站建设起步。经过 20 世纪 70 年代的初步探索，80 年代的深入研究论证和规划设计，90 年代后期我国抽水蓄能电站的建设逐步进入蓬勃发展时期。

在 80 年代到 90 年代，抽水蓄能电站建设主要以国外的技术引进和学习为主。1988 年 7 月，总装机容量 240 万 kW 的广州抽水蓄能电站开工建设，其中一期工程 120 万 kW 于 1994 年 3 月建成投产，二期工程 2000 年全部建成。1992 年 9 月北京十三陵抽水蓄能电站开工、1997 年装机 80 万 kW 全部建成；浙江天荒坪抽水蓄能电站装机 180 万 kW 也同期开工，2000 年全部投产。

20 世纪 90 年代后期至今，随着我国改革开放的深入，中西部地区社会经济快速发展，抽水蓄能电站建设规模持续增加，分布区域也不断扩展。在此期间，相继建成了浙江桐柏、山东泰安、河北张河湾、山西西龙池、江苏宜兴、湖南黑麋峰、湖北白莲河、河南宝泉、广东惠州、辽宁蒲石河、安徽响水涧、福建仙游、内蒙古呼和浩特、江西洪屏、浙江仙居、安徽绩溪、浙江长龙山等大型抽水蓄能电站。黑龙江荒沟、吉林敦化、山东文登、河北丰宁等一批大型抽水蓄能电站正在建设。2000 年以后，从学习借鉴国外技术过渡到自主发展为主，国内抽水蓄能电站的工程设计、施工和设备的安装调试日益成熟并且进行创新，部分主机设备逐步发展为国内自主设计和制造。

截至 2022 年年底，我国在运抽水蓄能电站装机容量合计 4579 万 kW（表 1.2–1）；在建抽水蓄能电站共计 98 座，装机容量合计 12100 万 kW（表 1.2–2）。已建、在建抽水蓄能电站装机容量合计 16679 万 kW，装机规模居世界第一位。

在抽水蓄能机组技术水平方面，我国后发优势明显。第一批建设的广州、十三陵、天荒坪等大型抽水蓄能电站采用了高水头、高转速、大容量可逆式机组，达到世界先进水平。2009 年投产运行的西龙池抽水蓄能电站最高扬程达到 750m，为世界第三。已投运的阳江抽水蓄能电站，单机容量 400MW，是我国自主研制的最大单机容量蓄能机组。2024 年将建成的丰宁抽水蓄能电站，总装机容量 3600MW，投产后将成为全球最大的抽水蓄能电站。近期建成的长龙山抽水蓄能电站，机组最大水头 750m、转速 600r/min、单机容量 350MW，为我国制造难度最大的抽水蓄能机组。

早期的抽水蓄能电站机组依靠国外厂家供应，自 2004 年宝泉等抽水蓄能电站机组通过统一招标和技贸结合方式引进机组研发和设计技术后，我国抽水蓄能机组设备国产化进程加快。随后黑麋峰、蒲石河以国内厂家供应为主，进一步提高了机组制造水平，响水涧、仙游、仙居、绩溪等抽水蓄能机组及主要机电设备已实现自主化研发及制造。目前，国内厂家在 600m 水头段及以下大容量、高转速抽水蓄能机组自主研制上已经达到了世界先进水平。

表 1.2-1　部分已建抽水蓄能电站统计表

序号	区域	省（自治区、直辖市）	电站名称	装机容量 /MW	机组台数	单机容量 /MW
			东北			
1		吉林	白山	300	2	150
2		辽宁	蒲石河	1200	4	300
3		黑龙江	荒沟	1200	4	300
4		吉林	敦化	1200	4	300
			华北			
5		北京	密云	22	2	11
6		北京	十三陵	800	4	200
7		内蒙古	呼和浩特	1200	4	300
8		河北	岗南	11	1	11
9		河北	潘家口	270	3	90
10		河北	张河湾	1000	4	250
11		山东	泰安	1000	4	250
12		山西	西龙池	1200	4	300
13		河南	回龙	120	2	60
14		河南	宝泉	1200	4	300
15		河北	丰宁一期	1800	6	300
16		河北	丰宁二期	1800	6	300
17		山东	沂蒙	1200	4	300
			华东			
18		浙江	溪口	80	2	40
19		浙江	天荒坪	1800	6	300

续表

序号	区域	省（自治区、直辖市）	电站名称	装机容量 /MW	机组台数	单机容量 /MW
20		浙江	桐柏	1200	4	300
21		浙江	仙居	1500	4	375
22		浙江	长龙山	2100	6	350
23		江苏	沙河	100	2	50
24		江苏	宜兴	1000	4	250
25		江苏	溧阳	1500	6	250
26		安徽	响洪甸	80	2	40
27		安徽	琅琊山	600	4	150
28		安徽	佛磨	160	2	80
29		安徽	响水涧	1000	4	250
30		安徽	绩溪	1800	6	300
31		安徽	金寨	1200	4	300
32		江西	洪屏	1200	4	300
33		浙江	长龙山	2100	6	350
			华中			
34		湖南	黑麋峰	1200	4	300
35		湖北	天 堂	70	2	35
36		湖北	白莲河	1200	4	300
37		湖北	钟祥北山	200	2	100
			华南			
38		广东	广州一期	1200	4	300
39		广东	广州二期	1200	3	300
40		广东	清远	1280	4	320
41		广东	深圳	1200	4	300
42		广东	惠州	2400	6	300
43		福建	仙游	1200	4	300
44		海南	琼中	600	3	200
45		广东	阳江一期	1200	3	400
46		广东	梅州一期	1200	3	400
47		福建	永泰	1200	4	300
48		福建	周宁	1200	4	300
			西南			
49		四川	寸塘口	20	2	10
50		西藏	羊卓雍湖	90	4	22.5

表 1.2-2　部分在建抽水蓄能电站统计表

序号	区域	省（自治区、直辖市）	电站名称	装机容量/MW	机组台数	单机容量/MW	备注（投产为所有机组投产）
				东北			
1		黑龙江	尚志	1200	4	300	2022 年核准，计划 2029 年投产
2		吉林	蛟河	1200	4	300	2021 年核准，计划 2030 年投产
3		辽宁	清原	1800	6	300	2016 年核准，计划 2025 年投产
4		辽宁	庄河	1000	4	250	2020 年核准，计划 2027 年投产
5		辽宁	大雅河	1600	4	400	2023 年核准，计划 2030 年投产
6		辽宁	兴城	1200	4	300	2023 年核准，计划 2030 年投产
				华北			
7		内蒙古	芝瑞	1200	4	300	2017 年核准，计划 2027 年投产
8		内蒙古	乌海	1200	4	300	2022 年核准，计划 2028 年投产
9		河北	抚宁	1200	4	300	2018 年核准，计划 2028 年投产
10		河北	易县	1200	4	300	2017 年核准，计划 2026 年投产
11		河北	尚义	1400	4	350	2019 年核准，计划 2026 年投产
12		河北	邢台	1200	4	300	2022 年核准，计划 2027 年投产
13		河北	灵寿	1400	4	350	2022 年核准，计划 2027 年投产
14		河北	滦平	1200	4	300	2022 年核准，计划 2028 年投产
15		河北	阜平	1200	4	300	2022 年核准，计划 2028 年投产
16		河北	迁西	1000	4	250	2022 年核准，计划 2030 年投产
17		河北	隆化	2800	8	350	2022 年核准，计划 2030 年投产
18		山东	文登	1800	6	300	2014 年核准，计划 2023 年投产
19		山东	潍坊	1200	4	300	2018 年核准，计划 2027 年投产
20		山东	泰安二期	1800	6	300	2019 年核准，计划 2029 年投产
21		山西	阳泉盂县上社	1400	4	350	2022 年核准，计划 2028 年投产
22		山西	垣曲	1200	4	300	2019 年核准，计划 2028 年投产
23		山西	浑源	1200	4	300	2020 年核准，计划 2028 年投产
24		山西	蒲县	1200	4	300	2023 年核准，计划 2029 年投产
25		山西	垣曲二期	1200	4	300	2023 年核准，计划 2028 年投产
26		河南	天池	1200	4	300	2014 年核准，计划 2023 年投产
27		河南	五岳	1000	4	250	2018 年核准，计划 2026 年投产
28		河南	洛宁	1400	4	350	2017 年核准，计划 2026 年投产
29		河南	嵩县	1800	6	300	2022 年核准，计划 2031 年投产
30		河南	鲁山	1300	4	325	2021 年核准，计划 2028 年投产
31		河南	林州弓上	1200	4	300	2022 年核准，计划 2028 年投产
32		河南	辉县九峰山	2100	6	350	2022 年核准，计划 2029 年投产

续表

序号	区域	省（自治区、直辖市）	电站名称	装机容量/MW	机组台数	单机容量/MW	备注（投产为所有机组投产）
33		河南	后寺河	1200	4	300	2022 年核准，计划 2028 年投产
34		河南	龙潭沟	1800	6	300	2023 年核准，计划 2028 年投产
西北							
35		新疆	阜康	1200	4	300	2016 年核准，计划 2024 年投产
36		新疆	哈密	1200	4	300	2018 年核准，计划 2028 年投产
37		新疆	布尔津	1400	4	350	2023 年核准，计划 2029 年投产
38		陕西	镇安	1400	4	350	2016 年核准，计划 2024 年投产
39		陕西	曹坪	1400	4	350	2023 年核准，计划 2029 年投产
40		甘肃	张掖盘道山	1400	4	350	2022 年核准，计划 2029 年投产
41		甘肃	南皇城	1400	4	350	2022 年核准，计划 2029 年投产
42		甘肃	玉门	1200	4	300	2022 年核准，计划 2029 年投产
43		甘肃	黄羊	1400	4	350	2022 年核准，计划 2030 年投产
44		甘肃	黄龙	2100	6	350	2023 年核准，计划 2029 年投产
45		甘肃	永昌	1200	3	400	2023 年核准，计划 2029 年投产
46		宁夏	牛首山	1000	4	250	2021 年核准，计划 2028 年投产
47		青海	哇让	2800	8	350	2022 年核准，计划 2031 年投产
48		青海	同德	2400	8	300	2022 年核准，计划 2028 年投产
49		青海	格尔木南山口	2400	8	300	2022 年核准，计划 2030 年投产
华东							
50		浙江	宁海	1400	4	350	2017 年核准，计划 2025 年投产
51		浙江	缙云	1800	6	300	2017 年核准，计划 2025 年投产
52		浙江	磐安	1200	4	300	2019 年核准，计划 2028 年投产
53		浙江	衢江	1200	4	300	2018 年核准，计划 2027 年投产
54		浙江	天台	1700	4	425	2021 年核准，计划 2027 年投产
55		浙江	泰顺	1200	4	300	2021 年核准，计划 2028 年投产
56		浙江	温州永嘉	1200	4	300	2022 年核准，计划 2028 年投产
57		浙江	景宁	1400	4	350	2022 年核准，计划 2028 年投产
58		浙江	桐庐	1400	4	350	2022 年核准，计划 2028 年投产
59		浙江	建德	2400	6	400	2022 年核准，计划 2029 年投产
60		浙江	松阳	1400	4	350	2022 年核准，计划 2027 年投产
61		浙江	紧水滩	297	3	99	2023 年核准，计划 2027 年投产
62		浙江	乌溪江	298	2	149	2023 年核准，计划 2027 年投产
63		浙江	庆元	1200	4	300	2023 年核准，计划 2030 年投产

续表

序号	区域	省（自治区、直辖市）	电站名称	装机容量/MW	机组台数	单机容量/MW	备注（投产为所有机组投产）
64		江苏	句容	1350	6	225	2016年核准，计划2025年投产
65		江苏	连云港	1200	4	300	2023年核准，计划2030年投产
66		安徽	桐城	1280	4	320	2019年核准，计划2028年投产
67		安徽	宁国	1200	4	300	2022年核准，计划2030年投产
68		安徽	石台	1200	4	300	2022年核准，计划2028年投产
69		江西	奉新	1200	4	300	2021年核准，计划2030年投产
70		江西	洪屏二期	1800	6	300	2022年核准，计划2031年投产
	华中						
71		湖南	平江	1400	4	350	2017年核准，计划2026年投产
72		湖南	安化	2400	8	300	2022年核准，计划2028年投产
73		湖南	桃源木旺溪	1200	4	300	2022年核准，计划2028年投产
74		湖南	攸县广寒坪	1800	6	300	2022年核准，计划2029年投产
75		湖南	炎陵	1200	4	300	2022年核准，计划2030年投产
76		湖南	松滋	1200	4	300	2022年核准，计划2029年投产
77		湖南	玉池汨罗	1200	4	300	2023年核准，计划2030年投产
78		湖南	江华湾	1400	4	350	2023年核准，计划2030年投产
79		湖南	辰溪	1200	4	300	2023年核准，计划2029年投产
80		湖北	南漳	1800	6	300	2023年核准，计划2028年投产
81		湖北	魏家冲	300	2	150	2022年核准，计划2027年投产
82		湖北	大悟	300	2	150	2022年核准，计划2026年投产
83		湖北	五峰太平	2400	6	400	2022年核准，计划2030年投产
84		湖北	通山	1400	4	350	2022年核准，计划2030年投产
85		湖北	潘口	300	2	150	2022年核准，计划2026年投产
86		湖北	平坦原	1400	4	350	2021年核准，计划2028年投产
87		湖北	紫云山	1400	4	350	2022年核准，计划2029年投产
88		湖北	长阳清江	1400	4	350	2022年核准，计划2029年投产
89		湖北	远安	1200	4	300	2022年核准，计划2028年投产
	华南						
90		广东	惠州中洞	1200	3	400	2022年核准，计划2026年投产
91		广东	肇庆浪江	1200	4	300	2022年核准，计划2027年投产
92		广东	梅州二期	1200	4	300	2021年核准，计划2025年投产
93		广东	云浮水源山	1200	4	300	2022年核准，计划2028年投产

续表

序号	区域	省（自治区、直辖市）	电站名称	装机容量/MW	机组台数	单机容量/MW	备注（投产为所有机组投产）
94		广东	三江口	1400	4	350	2022年核准，计划2030年投产
95		广西	南宁	1200	4	300	2022年核准，计划2025年投产
96		福建	厦门	1400	4	350	2016年核准，计划2024年投产
97		福建	云霄	1800	6	300	2020年核准，计划2028年投产
西南							
98		重庆	蟠龙	1200	4	300	2014年核准，计划2024年投产
99		重庆	栗子湾	1400	4	350	2021年核准，计划2030年投产
100		重庆	建全	1200	4	300	2022年核准，计划2029年投产
101		重庆	菜籽坝	1200	4	300	2022年核准，计划2030年投产
102		四川	两河口混合式	1200	4	300	2022年核准，计划2028年投产
103		贵州	贵阳	1500	4	375	2022年核准，计划2029年投产
104		贵州	黔南	1500	4	375	2023年核准，计划2029年投产

1.2.3 抽水蓄能电站未来发展趋势

1.2.3.1 全球抽水蓄能电站未来发展趋势

全球变暖是人类面临的世界性问题，在20世纪以来的一百多年时间内，全球平均气温升高了大约0.6℃。20世纪以来所进行的一些科学观测表明，大气中各种温室气体的浓度都在增加。1750年之前，大气中二氧化碳含量基本维持在280ppm。工业革命后，随着人类活动，尤其是消耗的化石燃料（煤炭、石油等）不断增加和森林植被大量破坏，人为排放的二氧化碳等温室气体不断增长，大气中二氧化碳含量逐渐上升。至2018年，世界气象组织（WMO）发布《温室气体公报》称，全球大气中温室气体浓度再创新纪录。根据公报，2017年全球平均二氧化碳浓度达到405.5ppm，高于2016年的403.3ppm和2015年的400.1ppm，是工业化前（1750年前）水平的146%。

随着各国社会经济的发展，二氧化碳排放，大气中的温室气体猛增，全球平均气温不断升高，最直接的是冰川融化，造成海平面上升，低海拔地区存在淹没的危险，这将对地球生命系统形成威胁。在这一背景下，世界各国以全球协约的方式减排温室气体。在2015年12月，《联合国气候变化框架公约》近200个缔约方在巴黎气候变化大会上达成《巴黎协定》。这是继《京都议定书》后第二份有法律约束力的气候协议，为2020年后全球应对气候变化行动作出了安排。《巴黎协定》长期目标是将全球平均气温较前工业化时期上升幅度控制在2℃以内，并努力将温度上升幅度限制在1.5℃以内。我国作为缔约国在2020年联合国大会上提出了“2030碳达峰，2060碳中和”的宏伟目标。

当前全球各国为应对气候变化、减少温室气体排放，正大力发展可再生能源和清洁能源，如风电、太阳能、核电、水电等。我国正处于经济快速上升发展阶段，更需要消耗大量的能源，同时我国的油气资源相对匮乏，因此亟须发展清洁能源和低碳经济。从国家发展和实现“2030 碳达峰，2060 碳中和”等目标出发，电力系统可以说是未来能源系统的基础，我国对于电力系统是提前实现碳中和还是优先推动其他行业碳中和，目前国内有不同的看法，主流的意见是电力系统需要提前十年，在 2050 年实现电力无碳化。因此我国在未来将全力发展风电、核电、水电等清洁能源。

从保证电网安全、提高供电质量和经济运行等多方面考虑，世界各国特别是发达国家都建设了相当规模的抽水蓄能电站。奥地利、日本、瑞士、意大利等国家的抽水蓄能占电网总装机的比重已达到 10% 以上。抽水蓄能电站的建设作为优化电源结构的重要手段，在世界各国受到广泛重视。因风电、太阳能及核电等可再生清洁能源存在间歇性，不具备调峰运行的能力，在大规模发展可再生和清洁能源的同时必须同步发展抽水蓄能电站，才能保证电网的安全、经济运行。因此可以预计，全球尤其是我国的抽水蓄能电站将进入稳步、快速发展阶段。

1.2.3.2 国内抽水蓄能电站未来发展规划

在应对全球气候变化，加快能源绿色低碳转型，实现“碳达峰、碳中和”目标的新形势下，我国抽水蓄能加快发展势在必行。国家能源局按照《可再生能源法》要求，根据《中华人民共和国国民经济和社会发展第十四个五年规划和 2035 年远景目标纲要》《“十四五”现代能源体系规划》，制定了《抽水蓄能中长期发展规划（2021—2035 年）》，指导中长期抽水蓄能发展。根据规划预计到 2030 年，抽水蓄能电站投产总规模达到 1.2 亿 kW。到 2035 年，形成满足新能源高比例大规模发展需求的，技术先进、管理优质、国际竞争力强的抽水蓄能现代化产业，培育形成一批抽水蓄能大型骨干企业。

2 生态文明下的抽水蓄能电站建设要求

2.1 生态文明概述

生态文明与原始文明、农业文明、工业文明一起构成一个逻辑序列，是人类社会一种新的发展阶段的文明形态。广义的生态文明是人与自身、他人、社会、自然之间和谐关系的反映，是人类遵循人、自然、社会和谐发展这一客观规律而取得的物质与精神成果的总和，是以人与自然、人与人、人与社会和谐共生、良性循环、全面发展、持续繁荣为基本宗旨的社会形态。

从人与自然和谐的角度来看，生态文明是人类为保护和建设美好生态环境而取得的物质成果、精神成果和制度成果的总和，强调人的自觉和自律，强调人与自然的相互依存、相互促进、共存共融，达到主动地适应自然，是贯穿于经济建设、政治建设、文化建设、社会建设全过程和各方面的系统工程，反映了一个社会的文明进步状态。生态公正是生态文明建设的目标，生态安全是生态文明建设的基础，新能源革命是生态文明建设的基石。

2.2 抽水蓄能电站与生态文明关系

2.2.1 抽水蓄能电站是生态文明建设的重要组成部分

2.2.1.1 抽水蓄能电站作为新能源的储能方式，是生态文明建设的重要基石

发展清洁能源已成为全球能源发展的共识，而清洁能源建设是生态文明建设的重要组成部分。水电具有良好的年、季、日调节能力，可通过与风、光等多种新能源跨时空协同开发，实现大范围互补互济，提高清洁能源发电利用效率，是未来清洁能源的重要发展方向。抽水蓄能电站作为水电与风光等可再生能源的互补中的一种储能方式，发挥着重要的作用，可以配合风电等可再生能源大规模发展，平抑风电等可再生能源的随机性、波动性，提高电力系统对风电等可再生能源的消纳能力。同时保证电力系统安全稳定运行水平，提高供电质量。因此抽水蓄能电站是未来清洁能源发展不可缺少部分，也是生态文明建设的重要组成部分。通过大力发展抽水蓄能电站，可更好地实现清洁能源发展，助力生态文明建设。

2.2.1.2 抽水蓄能电站推动社会经济发展，是生态文明建设的重要内容

抽水蓄能电站一般属于省市级乃至国家级重点工程，工程建设周期长，投资规模大。在工程建设期间，对材料和人力需求量大，可提供大量就业岗位。在电站建设期间，将吸引大量外来人口，促进区域社会各类服务业的蓬勃发展。同时电站工程建设对当地的基础设施，尤其是主要道路交通会有较大的改善，例如进入电站的主要道路将进行改造提升，这些道路部分将与地方共用，利于改善区域交通条件，为当地经济对外发展提供通道。抽水蓄能电站建成后，电站运营产生的收益，将增加地方政府和国家财政收入，更好地造福地方经济发展。总之，抽水蓄能电站在建设过程中或建成后，都对推动区域社会经济发展产生重要作用，是生态文明建设的重要内容。

2.2.1.3 抽水蓄能电站工程提升当地 GEP 价值，是生态文明建设的重要部分

生态系统生产总值（GEP），也称生态产品总值，是指生态系统为人类福祉和经济社会可持续发展提供的各种最终物质产品与服务（简称“生态产品”）价值的总和，主要包括生态系统提供的物质产品、调节服务和文化服务的价值。物质产品主要包括农业产品、林业产品、畜牧业产品、渔业产品、淡水资源和生态能源；调节服务主要包括水源涵养、土壤保持、防风固沙、海岸带防护、洪水调蓄、碳固定、氧气提供、空气净化、水质净化和气候调节；文化服务主要包括休闲旅游和景观价值。抽水蓄能电站建成后，将形成绿水青山的自然环境基底。电站提供物质产品一般有林业产品、农业产品，如在电站各类渣场生态修复中栽植的林业或农业经济作物；电站提供的调节服务一般有土壤保持、洪水调蓄、气候调节，如电站采取多重手段对工程场地进行水土保持建设、部分电站的下水库位于城市中具有一定洪水调蓄作用以及电站形成上下水库对区域小气候具有一定的调节作用；电站提供的文化服务一般为休闲旅游和景观价值，如电站建成后，主体工程将成为重要的人文风景资源，结合围绕水库的滨水景观打造和山地景观建设，为区域提供重要的休闲旅游资源。

2.2.2 抽水蓄能电站工程建设对区域生态环境产生一定影响

2.2.2.1 抽水蓄能电站主体工程占地对生态环境的影响

抽水蓄能电站在建设过程中，征占用土地分为永久占地和临时用地，永久占地主要包括业主营地、上下水库连接道路、上水库、下水库、开关站等，临时用地包括临时仓库、停车场、弃渣场、承包商营地等因工程建设而开辟的相关配套场地。

抽水蓄能电站多选址于远离城市的偏远地区，占用土地一般以林地为主，也有部分耕地，对于永久占地而言，水库建设将带来坝址上游河流两岸一定区域生态、生产及生活空间的淹没，形成了从林地或耕地向湖泊（水库）的转变，促进了水面及滨岸带等生境类型的增加，提供了更加丰富的生境条件；从林地或耕地向湖泊的转变更好地发挥了水源涵养及水源调蓄功能。但是，工程建设缩小了野生动物的栖息空间，并占用了部分陆生动物的活动区域、迁移途径、觅食范围，从而对动物的生存产生一定的影响。

同时，建设中还有临时用地，施工期间大量人流和车流的进入、运输车辆产生的扬尘、施工过程挥洒的石灰和水泥以及原材料的堆放等，对灌木层、草本层的破坏较大，甚至导致其消失，使林地群落的垂直结构发生较大改变，导致群落的稳定性下降。

2.2.2.2 抽水蓄能电站全阶段建设过程对生态环境的影响

抽水蓄能电站工程复杂，建设周期较长。在电站道路工程、大坝工程、建筑工程以及各类隧洞工程等施工过程中需要对场地进行开挖、地表植被进行清除、局部场地进行填埋。建设过程中使用的一系列设施、设备或材料，产生的噪声、污废水、扬尘、石渣等，对场地乃至周边的动植物、空气、土壤等产生一定影响。

噪声：隧洞、边坡开挖过程中需要间歇性爆破，爆破会产生震动，对整个场地中的各类动物产生一定影响。另外各类机械设备的长时间使用，如各类大型运输车辆、挖掘机、钻孔机等，基本上贯穿整个施工过程。产生的噪声影响现场的作业人员、周边居民以及各类动物。

污废水：机械设备使用过程中产生的油污、现场作业人员生活废水等，虽然要求处理回用或达标排放，但难免零星有污废水进入土壤，改变土壤原有物理性质和化学性质，对土壤里的微生物和场地的植物生长产生一定影响。

扬尘：一方面场地开挖、表土剥离等使工程现场产生众多的裸露土壤，在天气干燥季节，产生扬尘。另一方面在建设过程中，车辆运输导致道路产生扬尘。扬尘的产生影响区域的空气质量，危害现场作业人员以及场地中的各类动物健康。

石渣：各类边坡开挖产生的石渣，若现场施工措施不到位，施工人员环境保护意识淡薄，会导致石渣沿山坡滚落，破坏坡面植被，影响区域植被环境。由于石渣的存在，对后续植物的生长有较大影响。

2.2.2.3 抽水蓄能电站建成后对区域环境风貌的影响

抽水蓄能电站由于其工程特点，工程场地在建设前往往山清水秀，建成后将形成“一带两库多点”的整体布局空间。目前大部分抽水蓄能电站上下水库为新建，小部分抽水蓄能电站上水库或下水库利用已有水库。电站建成前后，工程场地环境发生较大变化，主要是地形地貌、景观风貌等。

地形地貌：抽水蓄能电站建设前，工程范围内场地大部分为林地、水系（溪流为主）、村庄、道路、耕地等。在工程建设后，部分林地、村庄、道路、耕地等会因水库修建被淹没，原有的山谷地带将变成一汪碧水，这大大增加场地的水系面积，结合人工大坝、启闭机房等工程建筑物，使得场地的地形地貌在建设前后形成颠覆性的变化。同时工程范围内较建设之前增加了大量的带状道路、开挖边坡以及渣场场地。可以说电站建设前后，从自然山地、人居形象变成大型的水利工程形象。

建筑景观风貌：由于生产、办公、生活需要，电站会建设配套建筑群以及景观游憩空间，建筑在风格上都协调一致，以展现特有的地域建筑风貌。建筑景观环境较建设之前是新增的。因此电站建成后将给所处区域增加一种全新的建筑景观环境风貌。

2.3 生态文明下的抽水蓄能电站建设要求

2.3.1 确立美丽抽水蓄能电站环境建设目标

我国正全面推进生态文明建设，生态文明下的人类社会要求人与自然、人与人、人与社会和谐共生，进而达到良性循环、全面发展、持续繁荣。而生态文明建设将贯穿于经济建设、政治建设、文化建设、社会建设全过程。抽水蓄能电站作为未来清洁能源发展的重要组成部分，电站建设将大大发挥抽蓄电站自身绿色储能优势，服务好风电、核电以及水电行业。优化能源使用结构，极大推动社会经济更高层次可持续生态化发展。可以说抽水蓄能电站的建设是实现生态文明的一个重要举措。但抽水蓄能电站本身建设及工程选址、工程布置等，会使得原有场地自然形态发生变化，而在工程建设期间，亦对区域自然环境产生一定影响。单从这些看，抽水蓄能电站的建设是不利于区域自然环境保护的，这与生态文明要求人与自然环境和谐似乎存在一定矛盾。因此抽水蓄能电站建设要始终把电站生态环境保护和修复放在重要位置，以建设环境优美、内涵丰富、多元可持续发展的美丽抽水蓄能电站环境为目标。通过一系列强有力的措施处理好工程与自然环境之间的关系，补齐以往生态环境建设系统性不足，效果不佳的工程建设短板，切实促进生态文明建设。

2.3.2 紧扣生态文明要求建设美丽抽水蓄能电站环境

根据生态文明涵盖的范围，从自然环境、人居环境、社会经济等多方面考虑，美丽抽水蓄能电站环境建设应从电站的生态环境基底保护和修复、建筑风貌塑造、景观空间营造、综合发展建设四个方面进行。

2.3.2.1 保护和修复生态环境基底构建电站生态安全格局

以保护和修复电站生态为基础和前提，通过多样化的手段和措施构建电站生态安全格局。秉承保护第一原则，做好在工程规划期、筹建期、建设期等不同阶段工程建设红线范围内和部分建设红线范围外区域的生态保护工作。对因工程建设需要而无可避免遭受破坏或影响的区域生态环境，需采用科学的手段进行修复，遵循能绿尽绿原则，以多样化绿化措施进行生态环境修复。宜保避修，以修促保，保护和修复并举，共筑电站绿水青山基底，减少电站工程建设对区域生态环境的影响。以此构建电站生态安全格局，满足生态文明下美丽抽水蓄能电站环境建设的最基本要求。

2.3.2.2 塑造多样化特色景观空间提升电站“三生”环境

基于电站主体工程功能空间布局，在保证电站各类工程安全的前提下，真正做到以人为本。考虑工程建设期、工程运行期，各方参建人员、电站管理者以及外来到访人员不同人群的具体需求，对电站各类生态区、生产区、生活区进行多样化特色景观空间营造，结合电站建设时序和地块使用功能的建设前后变化，永临结合，合理安排景观空间建设时序。塑造生态优美、生产安全、生活丰富的美丽抽水蓄能电站“三生”环境，满足电站各类人群观景、交流、参观、游憩、运动等使用需求。良好的电站“三生”环境，体现了人与自然的和谐，是电站生态文明的重要体现。

2.3.2.3 营造与自然环境和谐且彰显电站人文内涵的建筑风貌

根据电站的工程功能需求，以促使电站工程融入自然环境和区域环境为重要目标。对电站内各类建筑物布局空间、层高、外观样式和色彩进行系统研究。通过挖掘区域人文内涵，结合地形地貌和电站自身的文化品质，因地制宜营造与自然环境和谐且彰显电站人文内涵的建构筑物风貌，形成电站“一站一品”建设。这是生态文明下抽水蓄能电站工程建设与自然和谐的一个重要体现，同时也是电站文化和地域文化和谐发展、和合共生的重要诠释。

2.3.2.4 开展综合发展建设推动电站和地方可持续、多元化交互发展

抽蓄电站自身资源优势所具备的发展潜力需要系统的生态保护以维持其生命活力。抽蓄电站作为地方政府的重大建设项目，从工程投资和发电运行角度来说，给地方政府带来较大的财政收益。随着经济发展逐渐由粗放型向集约型转变，抽蓄电站的独特特征、工业文明属性，以及周边区域的生态环境资源叠加，也有可能创造出高附加值的生态型收益。对电站潜在资源发展特点进行挖掘、研究，在保证电站主体功能的前提下，以电站中各类美丽环境空间、设施等为媒介，协调区域经济，开展电站综合发展建设，使得电站与其所在区域的经济发展形成网络辐射和联动效益，促进社会经济全面发展和持续繁荣，这是生态文明建设的又一重要体现。

3　生态文明下的美丽抽水蓄能电站环境设计思考

3.1　美丽抽水蓄能电站环境设计愿景

在生态文明建设的大背景下，我们希望美丽抽水蓄能电站蕴藏更丰富的内涵，它应是一座蓝绿交织的生态电站，它应是一座工业属性的现代电站，它应是一座自然和谐的风景电站，它更是一座多元发展的综合电站。

3.1.1　蓝绿交织生态电站

通过电站环境设计中的生态环境基底保护和修复，形成水库水体、自然山体、工程三者稳定的生态安全格局，重构电站绿水青山环境。在电站工程范围内做到坡比小于 1∶0.5 的边坡部分覆绿和坡比大于 1∶0.75 的边坡全部覆绿，各类场内道路侧均覆绿，业主营地及其他管理营地绿地率在 35% 以上，其他场地综合绿地率在 70% 以上。同时使得场地中的各类现状水系都能得到有效保护，局部水系进行改造利用，如有条件的业主营地区域，进行水景营造。溪流、水库、水池、森林、绿坡、绿带等交相辉映，共筑一座蓝绿交织的生态电站。

3.1.2　工业属性现代电站

抽水蓄能电站集聚人类智慧，是工业文明发展的重要产物，是工程与科技的完美结合，具有较强的工业属性。电站自身的运行方式、运行设施以及设备都体现了较强的工业属性。由于其特有的运行方式，致使大部分设施和设备藏于地下，因安全生产要求，这些设施设备很难进行直观的展现，这往往使得抽蓄电站的工业属性在外观上表现较弱。美丽抽水蓄能电站的环境设计通过对电站工业属性的强化表现，做到在电站主体工程外观造型、建筑风貌样式、环境色彩和一系列的景观空间细节营造中，融入电站的工业属性，将电站的工业属性进行抽象或具象的表达，成为可以感知的景或物，真正打造内外兼修，工业特性凸显的工业属性现代电站。

3.1.3　自然和谐风景电站

抽水蓄能电站通过环境设计，减少电站工程对原生自然环境的影响，各类建筑、景观空间、电站工程建构筑物均以绿为媒，衔接自然山水环境，形成一个新的稳定生态环境系统，营造人与自然和谐可持续发展电站工程环境。电站内形成富有地域特色且统一、融入自然山水的整体风貌环境，各类生态空间均能在绿色掩映中进行打造，形成“虽由人作，宛自天开”近自然景观环境，实现“山、水、人、站”和谐共生美丽生态环境建设，构建和谐统一的风景电站。

3.1.4　多元发展综合电站

基于蓝绿交织电站自然环境、工业智慧的电站工业科技特点、自然和谐的电站风景资源，在保证电站发电功能安全的前提下，探寻电站多元发展模式。通过美丽抽水蓄能电站环境设计，发挥电站工程资源优势，对电站各项资源进行综合发展规划。规划需协同区域发展环境，互通有无，补齐区域经济发展短板，探索建设包容、开放、共享的电站，使之融入区域发展环境中，构建区域经济发展的新动引擎，最终打造成多元发展的综合电站。

3.2 美丽抽水蓄能电站环境设计要点

抽水蓄能电站建设周期长、建设过程复杂、工程难度大。美丽抽水蓄能电站环境设计必须始终坚持全阶段介入、全过程思考、全要素统筹的中心思想。以保护生态格局、营造“三生”环境、促进综合发展为目的，进行生态基底保护和修复、建筑风貌塑造、景观空间营造、综合发展规划。

（1）一个思想——全阶段介入、全过程思考、全要素统筹

抽水蓄能电站工程从设计角度可以分为预可研、可研、招标、施工图四个阶段，从电站工程建设角度可以分为前期、建设期、运行期三个阶段。其中预可研、可研为电站的前期，招标、施工图为电站的建设期，投产发电移交生产后为电站运营期。

“全阶段介入”要求美丽抽水蓄能电站环境设计须在研究论证初期就开始介入，有条件的可以在预可时期介入，与电站主体工程设计紧密配合，实现工程设计和环境设计相辅相成。并在招标、施工图阶段进行环境设计的实施建设跟踪反馈，在竣工时期进行环境设计的实施效果评价，确保美丽抽水蓄能电站环境设计能够实现规划方案的有效落地。“全过程思考”要求美丽抽水蓄能电站环境设计须考虑电站前期、建设期和运营期等不同时期电站工程红线范围内各类场地的功能需求、电站建设过程中人员使用需求以及工程场地的环境等变化特点，对这些过程进行有效思考，确保环境设计能够匹配电站各个阶段的工程建设，与工程建设无缝衔接。“全要素统筹”要求美丽抽蓄生态环境设计综合考虑山体、水系、植被、土壤、建筑、电站主体工程、人的需求等要素相互作用和影响，通过环境系统设计、科学处理好各类要素之间的关系，形成既满足电站主体功能，又保护自然环境，且具备自身特色风貌形象和良好人居环境的美丽抽水蓄能电站环境。

（2）一个目标——保护山水格局、营造“三生”环境、促进综合发展

抽水蓄能电站作为重要的储能方式，是未来能源安全的重要保障，将迎来全面的发展期。电站的工程建设不可避免地对所处区域原生自然环境产生一定影响，而美丽抽水蓄能电站环境设计正是处理工程建设与自然环境之间的关系，保护和修复区域生态环境，构建山水格局，形成新的稳定的自然生态系统。保护山水格局是美丽抽水蓄能电站环境设计的首要任务目标，是电站实现生态文明中人与自然和谐的第一步。在此基础上通过多样化的手段，主次分明，有序营造基于生态可持续发展的“生态、生产、生活”电站环境，实现工业生产、人居生活的生态文明构建目标。优良的电站生态环境，在电站发电效益的基础上，将释放更多的附加价值，如何有效挖掘和利用电站产生的生态效益是美丽抽水蓄能电站环境设计实现设计价值的最终目标，通过区域经济统筹发展，电站优势资源增值等实现电站综合发展。

（3）四项内容——生态基底重构、建筑风貌塑造、景观空间营造、综合发展规划

抽水蓄能电站环境设计依据制定的目标要求，形成生态基底重构、建筑风貌塑造、景观空间营造、综合发展规划四项内容。四项内容符合生态文明建设中自然环境保护和修复、人文环境显著提升、社会经济可持续发展等方面要求。以生态基底重构作为美丽抽水蓄能电站环境建设的基础和电站生态文明基本需求，构建具有电站特色的建筑、景观环境空间，实现电站多元化可持续发展。抽蓄电站的建设与综合发展有机整合，整体循序渐进，稳固向前，为全面推进生态文明与美丽抽蓄建设提供重要保障。

3.3 美丽抽水蓄能电站环境设计技术路径

抽水蓄能电站环境设计应与电站主体设计建设同步，在电站预可行性研究通过后即介入开展现状环境调查和评价工作。在招标施工图阶段（电站工程建设阶段）开展生态环境方案设计、招标设计以及施工图设计，并实时现场跟踪，确保生态环境高质量施工建设。在电站运行期根据电站远景发展需求，结合综合发展规划方案进行提升设计和建设（图 3.3-1）。

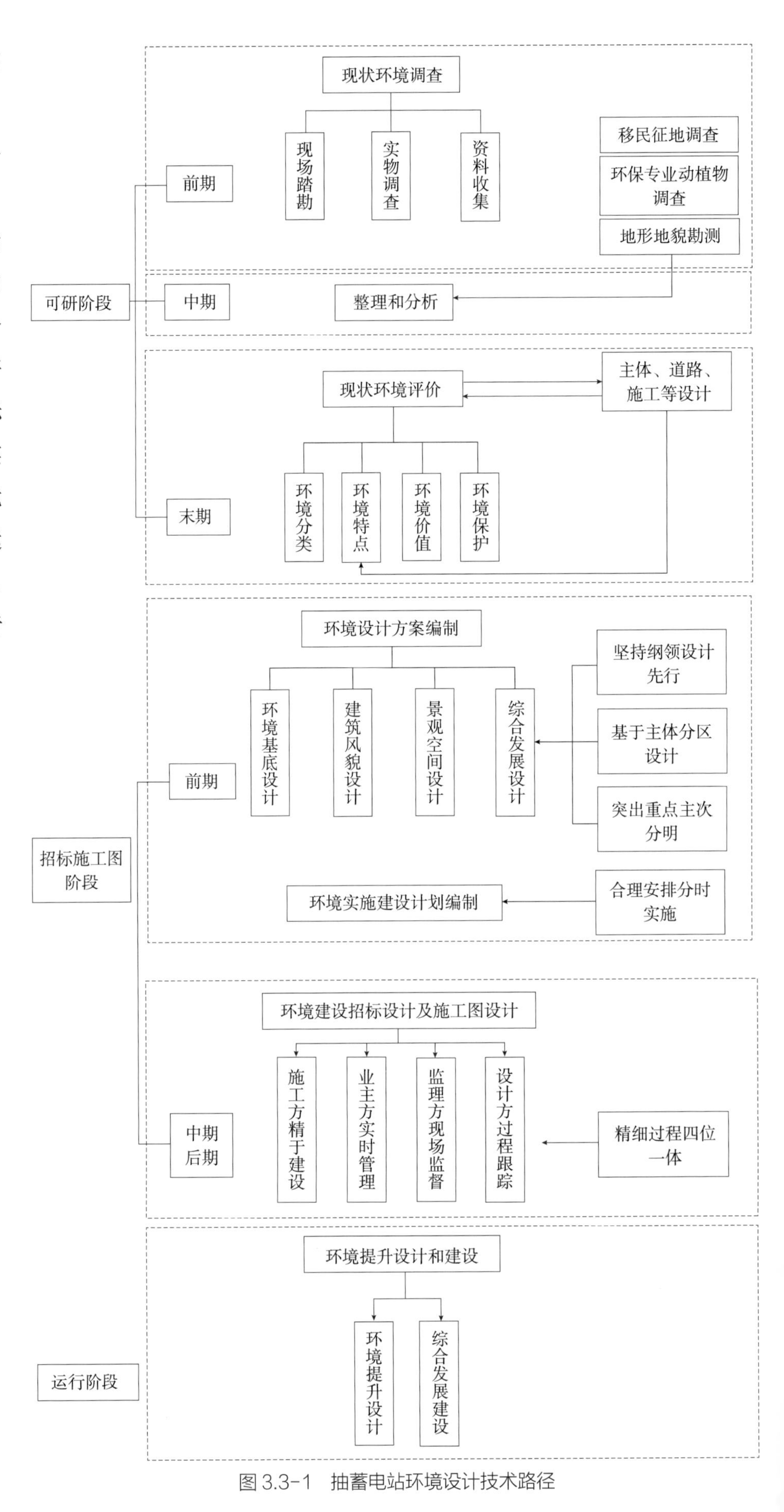

图 3.3-1 抽蓄电站环境设计技术路径

设计篇

SHEJI PIAN

4 秉承“保护中建设，建设中保护”的环境基底设计

4.1 电站环境基底设计内容

抽水蓄能电站所处区域环境一般在工程建设前后发生较大变化。在工程建设前工程范围内现状环境基本以自然山水环境为主，部分电站工程范围内存在水库或湖泊，且散落着民居、道路以及其他人文遗迹。电站工程建设后对工程用地范围内的现状环境产生一定影响，最大的变化是生态环境的变化。工程建设后因上、下水库蓄水，区域将形成两个中大型水库，原有民居、道路以及其他人文遗迹消失或破坏。同时因工程建设电站产生一些边坡和临建场地（改变了原有地形地貌），影响原有山林环境。因此现状环境保护是抽水蓄能电站环境基底设计的基础，电站环境基底设计应在保护现状环境基础上，对电站工程范围内因电站工程建设形成的各类边坡和临时建设场地进行生态修复设计，恢复抽水蓄能电站绿水青山的环境基底。

4.2 电站环境基底设计策略

4.2.1 做好现状环境保护设计，践行保护中建设

抽水蓄能电站现状环境是电站的环境基底。在电站主体工程设计前期需做好现状环境的充分调研，并对现状环境进行详细分析。电站主体工程设计须践行“保护中建设”的思路，根据电站现状环境的特征、重要性等协调主体工程设计，确保电站的主体工程建设对现状环境的影响最小。同时确保电站工程建成后，电站所在区域的场所记忆能够留存，为电站环境基底设计提供良好的现状环境基础支撑。

4.2.2 强调生态环境修复设计，履行建设中保护

抽水蓄能电站工程建设必然改变现状局部的环境空间格局，对现状环境产生一定影响。但电站工程建设需要找到环境保护的平衡点，尤其是电站工程范围内的生态环境修复。根据电站工程建设特点，梳理电站工程建设对工程范围内自然生态的影响点，主要有边坡、临时建设场地（一方面为地形地貌变化，部分场地利用原有谷地堆筑或原有坡地挖平而成；另一方面为植被环境变化，场地内的植被因场地建设需要进行清除）。对以上部位进行迹地生态修复，使得除主体工程布置外，其余区域均能恢复自然山林本体，构建一个“绿水青山”的电站生态本底，为电站所处区域提供良好的山水自然环境，改善和促进区域的生态环境建设。

4.3 现状环境保护设计

4.3.1 现状环境调查

抽水蓄能电站开展环境设计工作前需对现状环境进行详细调查，充分了解现状电站所处区域的环境状况。

4.3.1.1 现状环境组成

抽水蓄能电站所处区域的现状环境一般包括自然环境、生态环境、社会环境。其中自然环境主要包括气候、地形地貌与地质、水文、土壤；生态环境主要包括陆生生态（植物区系、植被类型、珍稀保护植物和古树名木、野生动物）和水生生态；社会环境主要包括社会经济、土地利用、交通、文物及矿产、建筑、景区、保护区、取水设施等，根据电站实际情况进行增减调查。

4.3.1.2 现状环境调查方法

环境现状调查的一般方法主要有三种，即收集资料法、现场调查法、遥感和地理信息系统分析法。

1）收集资料法：应用范围广、收效大，比较节省人力、物力和时间。环境现状调查时，应首先通过此方法获得有关资料，但此方法只能获得第二手资料，而且往往不全面，不能完全符合要求，需要其他方法补充。

2）现场调查法：可以针对使用者的需要，直接获得第一手的数据和资料，以弥补收集资料法的不足。这种方法工作量大，需占用较多的人力、物力和时间，有时还可能受季节、仪器设备条件的限制。

3）遥感和地理信息系统分析法：可从整体上了解一个区域的环境特点，弄清人类无法到达地区的地表环境情况，如一些大面积的森林、草原、荒漠、海洋等。此方法调查精度较低，一般只用于辅助性调查。在环境现状调查中，使用此方法时，绝大多数情况不使用直接飞行拍摄的办法，只判读和分析已有的航空或卫星相片。

抽水蓄能电站现状环境调查开展应先采用收集资料法，消化重要资料，再采用现场调查法，深入现场进行调研，同时根据现场调研情况补充资料收集。二者结合，相互辅助，彻底摸清现状环境。对于现状场地由于地形地貌原因无法到达的区域可采用遥感和地理信息系统分析方法进行辅助，也可借助无人机进行拍摄。

4.3.1.3 现状环境调查要点

根据抽水蓄能电站的实际情况开展现状环境调查，充分调研现状各类环境，形成文字、数据或图表等基础性资料，为后续电站的美丽环境设计打好扎实的基础。各类现状环境调查中需抓住以下重点进行开展。

1）气候环境：重点了解区域气候特征、平均降雨量、降雨天数、平均蒸发量、平均温度、极端温度、平均风速、极端风速等信息。

2）水文：重点调查与电站工程紧密相关的水系分布类型、规模等情况，同时调查水文地质情况。

3）土壤：重点调查工程区域内土壤类型和分布情况，土壤酸碱度、肥沃度等情况。

4）地形地貌与地质：重点对电站工程征地范围内（根据不同的工程实际情况，可适当的外延）的地形、地貌特征总体调查，针对特征明显的地形、地貌点位进行详细查找梳理。

5）陆生生态：植物主要为植物区系、植被类型、珍稀保护植物、古树名木调查、区域乡土树种等详细调查，动物主要为野生动物的种类和活动范围、活动特点情况调查。

6）水生生态：重点调查水系内的鱼类资源。

7）社会环境：重点调查电站工程所处区域的社会经济发展状况、人口规模、土地利用情况、交通条件、文物古迹、矿产资源、景区建设、保护区建设、上位规划等情况。

8）资料收集：主要有工程区域的各类规划、建设资料、气象和水文数据、地质资料等（表 4.3–1）。

表 4.3–1　一般资料需求表（根据实际情况增加）

序号	资料名称	资料来源
1	所在区域国土空间规划、城市总体规划、土地利用规划、村镇规划等	自然资源和规划局以及乡镇街道
2	旅游规划	旅游局
3	产业发展规划	发改委
4	水文资料	水利局
5	文物古迹	文物局
6	古树名木	林业局
7	气象	气象局
8	工程地质	项目业主、勘测设计单位

4.3.1.4　现状环境调查效果展示

现状环境调查是一项繁琐复杂的工作，调查完后需要进行整理，通过文字、图表的形式进行展示，为后续的电站环境设计提供最真实的基础数据支撑。以浙江宁海抽水蓄能电站为例进行现状环境调查效果展示。

（1）调查方法选择

以浙江宁海抽水蓄能电站为例，现状环境调查采用收集资料和现场调查两种方法相结合。

（2）资料收集一览表（见表 4.3–2）

表 4.3–2　浙江宁海抽水蓄能电站资料收集一览表

序号	资料名称
1	宁海县城市总体规划
2	大佳何镇修建性详细规划
3	宁海县产业发展规划
4	浙江宁海桃花溪省级森林公园总体规划（2016—2025 年）
5	宁海县东海云顶旅游区总体规划
6	宁海县生态环境功能区规划
7	工程范围内 1 ： 1000 地形图
8	宁海县县志

（3）现状调查成果展示

1）气候环境。浙江宁海抽水蓄能电站位于浙江省宁波市宁海县大佳何镇，本区域靠海，属亚热带季风湿润气候，季风明显，四季分明，夏冬长而春秋短，春寒、夏热、秋燥、冬冷。据宁海县气象站 1971—2000 年气象资料统计：区域多年平均降水量 1722.9mm，月最大降水量 647.3mm（7 月），月最小降水量 0.2mm（12 月），日最大雨量 355.7mm（7 月），全年发生日雨量大于 50mm 的暴雨平均有 4.8 天，降水日数 176 天；多年平均蒸发量为 1303.2mm；多年平均气温 16.4℃，极端最高气温 39.7℃（1971 年），极端最低气温 -9.6℃（1979 年），7 月为最热月份，平均气温 31.8℃，1 月为最冷月份，平均气温 1.5℃；多年平均相对湿度为 81%，各月平均相对湿度变化幅度在 76% ~ 87% 之间；多年平均风速为 2.7m/s，最大定时风速大于 40.0m/s，相应风向为 NNE 和 SE。

2）地形地貌。工程区位于宁海县东部茶山林场，属茶山火山穹窿构造中心地带。穹窿中心部位高程在 800m 以上，呈洼地型态势，四周地势陡险，并迅速下切，沟壑呈放射状分布，茶山为百丈水、龙潭坑等水系之源，沟谷狭窄深切，谷地形态多表现为峡谷，谷坡陡峻，坡度多在 30° 以上，基岩大片裸露（图 4.3-1）。

图 4.3-1　电站工程区域地形 GIS 分析图

3）水文。工程上水库位于汶溪上游已建茶山水库坝址上游约 50m 处，上水库坝址以上集水面积 1.2km²，河长 1.72km，坝址处多年平均流量为 0.039m³/s。

工程下水库坝址位于涨坑溪上已建涨坑水库坝址上游约 170m 处，坝址以上流域面积 6.32km²，河长 3.81km，坝址处多年平均流量为 0.187m³/s（图 4.3-2）。

4）土壤项目区土壤以红壤和黄壤为主（图 4.3-3），红壤土主要分布在海拔 600m 以下低山丘陵，为高温、高湿气候条件下，遭受深度风化的矿质土壤，呈酸性或强酸性反应。黄壤土分布在海拔 600m 以上的山区，

图 4.3-2　电站工程区域水系分布图

图 4.3-3　土壤实景图

母质为基岩残风化物，淋溶作用强，盐基饱和度低，常保存较好的枯枝落叶层，有机质积累量大。根据现场调查，土壤表层土厚度在 10~30cm。

5）陆生生态。植物区系：根据主体工程环境影响评价报告书编制阶段调查成果，浙江宁海抽水蓄能电站评价区维管束植物 86 科 179 属 237 种，陆生植物中以被子植物种类最多，约占 92.41%；其次为裸子植物，约占 4.22%。

植被类型：评价区内主要植被类型可分为暖性常绿针叶林、针阔混交林、阔叶林、丘陵山地常绿阔叶灌木林、暖性散生竹林 5 个类型。根据构成群落的建群种的不同可将评价区的植被划分为杉木林、马尾松林、针阔混交林、阔叶林、毛竹林、灌丛林等 6 个群系。

珍稀保护植物和古树名木：通过对评价区范围内的珍稀植物、古树名木及植物资源清查，调查区域内未发现国家保护野生植物分布，调查区域内发现了人工种植的金钱松（Pseudolarix amabilis（J.Nelson）Rehder）和银杏（Ginkgo biloba L.）。金钱松主要分布在抽水蓄能电站的上水库周围及库区周边，呈片状分布，为茶山林场的人工造林。银杏零星分布，为景观树。

根据实地调查，结合宁海县古树名木普查资料，调查范围内分布有 5 棵古树名木，其中 2 棵分布在涨坑村路边和河边，3 棵位于进场交通洞口上方福田古刹旁（高差约为 39m），未挂牌。工程征占地范围内没有古树名木分布。

野生动物：根据历史资料、现场调查，并咨询浙江省及地方相关林业专家，目前评价区内共有脊椎动物 4 纲 19 目 31 科 41 属 52 种。在评价区内，兽类多数为野猪、刺猬、华南兔、臭鼬及鼠类等；蛇类多数为五步蛇、竹叶青、乌梢蛇等，偶见眼镜蛇、滑鼠蛇，其中五步蛇、眼镜蛇、滑鼠蛇为省级重点保护野生动物，其他蛇类为省一般保护野生动物；常见的鸟类主要有麻雀、家燕、白鹭、大杜鹃等，其中鸢（老鹰）为国家二级保护野生动物，四声杜鹃、大杜鹃为省重点保护野生动物，其他为一般保护野生动物。工程水库淹没及占地范围内主要涉及一些蛇类和鸟类。

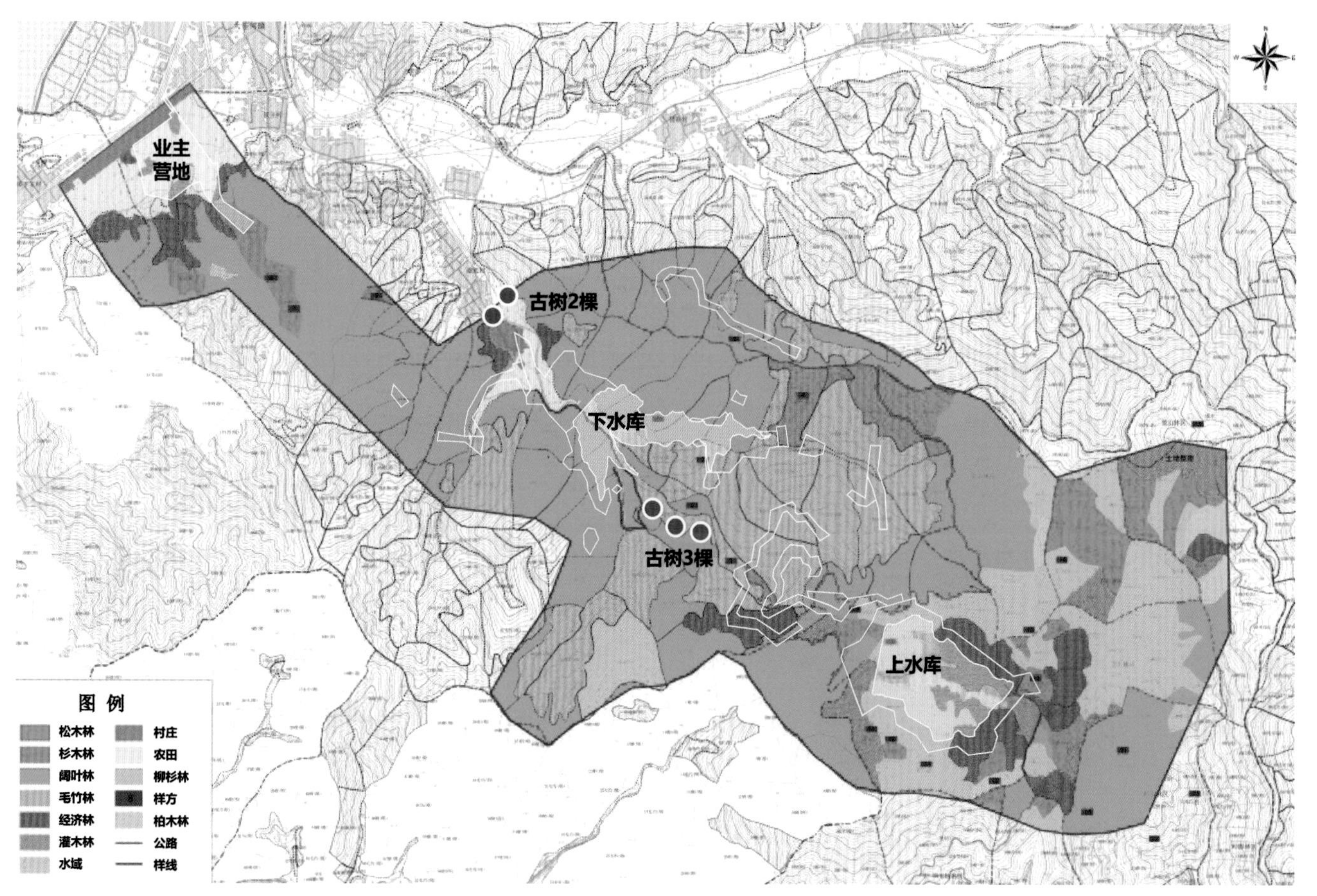

图 4.3-4 植被调查分布图

6）水生生态。工程所在区域河流水域规模较小，为山溪性河流，鱼类较少。调查区域内的溪流鱼类资源比较贫乏，与本省其他地区同类水体相比，鱼类的种类多样性程度和数量属于较低水平。调查区域内鱼类由鲤形目、鲇形目、鲈形目组成，隶属3科5属，共5种，分别为宽鳍鱲、温州厚唇鱼、中华花鳅、圆尾鮠、沙塘鳢。调查中未发现有国家级和省级珍稀保护鱼类，鱼类资源量少，没有发现小区域的特色鱼类，没有洄游性鱼类。

7）社会经济。宁海县位于宁波市境南部沿海，地处北纬29°06′~29°32′，东经121°09′~121°49′之间，位于长江三角洲南翼，北连奉化市，东北濒象山港，东接象山县，东南临三门湾，南壤三门县，西与天台县、新昌县为界。2015年末全县户籍总人口627794人。宁海总体经济发展水平较高，在2015年全国百强县评比中名列第76位。

8）土地利用。根据《宁海县土地利用总体规划》（2006—2020年），宁海县土地总面积1860.01km^2，共有基本农田保护区26797.40hm^2。工程上水库周边土地利用类型主要为林地、园地和水域（茶山水库），下水库周边土地利用类型主要为林地和水域（涨坑水库）。根据宁海县根据实物指标调查，本工程水库淹没区和工程占地范围内共涉及占用基本农田224.78亩（14.99hm^2）。根据实物指标调查，工程建设区域内涉及生态公益林134.36亩（8.96hm^2），均为国家级生态公益林，占宁海县国家级生态公益林总面积的0.26%。

9）人文历史。三大寺庙：云峰庵位于盖苍山茶山水库旁，建于明代，至今600余年。相传西汉道长茅盈曾在此建天庆观，南北朝陶弘景与张小霞游此，留有道号“真逸”摩崖石刻；镇法禅寺位于涨坑村北侧山林中，寺庙高程大约海拔120m，有步道通往寺庙；福田古刹位于下水库东南侧约550m距离，占地面积约705m^2。房屋结构为砖瓦结构，局部有石砌墙。建筑布局呈现典型的江南小体量围合式布局结构。

历史文化：大佳何镇人文环境优良，有“博物馆之乡”之名。在大佳何镇境内，有古船博物馆、灯具博物馆、刀具博物馆、江南艺术博物馆和方孝孺纪念馆，是具有规模效应的文化部落。其中方孝孺被称为“天下读书种子”，而方孝孺纪念馆的设计是以宁海学子升学成人礼的仪式场所为定位。

建筑风貌：区域内为传统的江南民居，大部分采用坡屋顶，墙面风格比较杂乱。建筑基本上为砖混结构。

10）周边景点。浙江宁海抽水蓄能电站上水库位于宁海桃花溪省级森林公园内一般游憩区（茶山景区）内，并已在《浙江宁海桃花溪省级森林公园总体规划（2016—2025年）》中将电站上水库规划定位为浙东天池景点。同时根据《宁海县东海云顶旅游区总体规划》，电站上、下水库均在东海云顶县级旅游区内。

周边已经形成众多景点，如大小摩柱、青岩头、石船、五鹰峰、仙人棋盘等（图4.3–5）。东海云顶位于宁海东北部，站在云顶，可鸟瞰三门湾、象山港的岛屿和渔帆，同时也可俯瞰上水库景观。因此成为三面观海、一面观上水库的绝佳之地。

4.3.2 现状环境评价

4.3.2.1 现状环境生态敏感性评价

生态环境敏感性是指生态系统对人类活动反应的敏感程度，用来反映产生生态失衡与生态环境问题的可能性大小。通过生态环境敏感性分析确定生态环境影响最敏感的地区和最具有保护价值的地区，为生态功能区划提供依据。

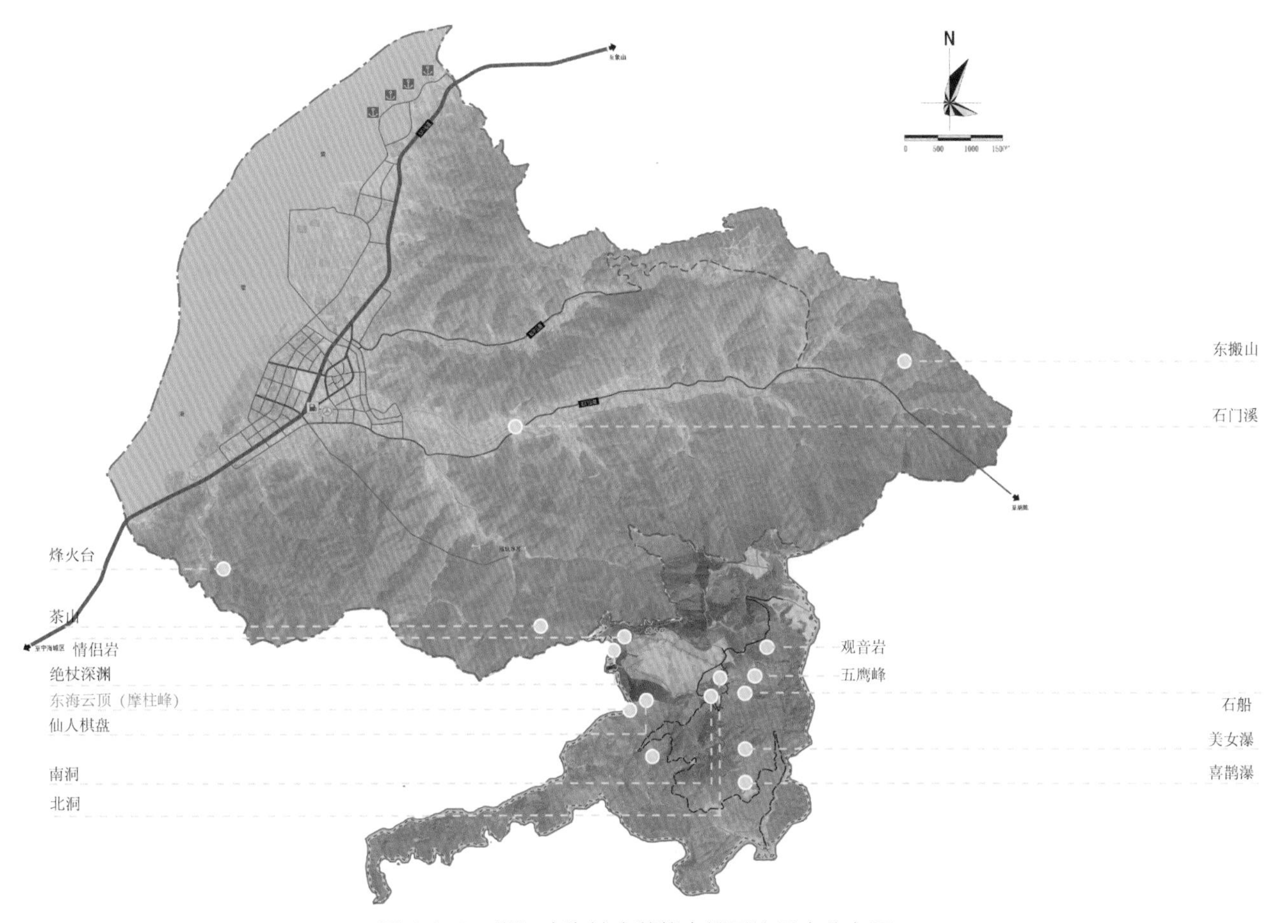

图 4.3-5　浙江宁海抽水蓄能电站周边景点分布图

抽水蓄能电站美丽环境设计以现状环境保护和修复为基础，通过利用 GIS 技术结合遥感技术等对现状场地的环境进行有效分析，对现状环境生态敏感性进行评价，为后续电站环境设计中保护场地生态提供重要依据。后续电站环境设计主要有植被修复、植被重新设计、场地空间改造等内容。因此根据实际需求，抽水蓄能电站对于现状场地环境生态敏感性评价主要包括地形坡度、坡向、场地斑块植被等。

（1）坡度

利用 GIS 技术对场地中的坡度进行分析，主要采用现状实测地形结合 GIS 技术进行。将场地中坡度分为 0°~15°、15°~30°、30°~45°、45°~90° 四个区域（图 4.3-6）。从场地适建性分析，0°~15° 最适合工程建设以及后续的环境设计。从地形稳定来说，这些区域的生态敏感度较低。将这些区域直观反映在图上，结合电站工程布置范围线，更加清晰地对现状场地的地形地貌环境有直观的认知和评价，便于电站环境保护和修复以及后续的环境改造设计和提升。

（2）斑块植被

利用现场调查或遥感技术，形成电站区域的植被覆盖度和植被种类情况图（图 4.3-7）。植被覆盖度较高区域一般场地覆盖层较厚。植被覆盖度较少区域一般分为两种：一种为场地覆盖层较薄、岩石裸露区域或水域；另一种为现状场地人为活动地带，如耕地、道路、建筑等。根据现场调研情况，对植被覆盖区域进行进一步划分，根据植被种类丰富度进行划分。通过制作成图形进行展示，图上将电站的工程布置和用地红线进

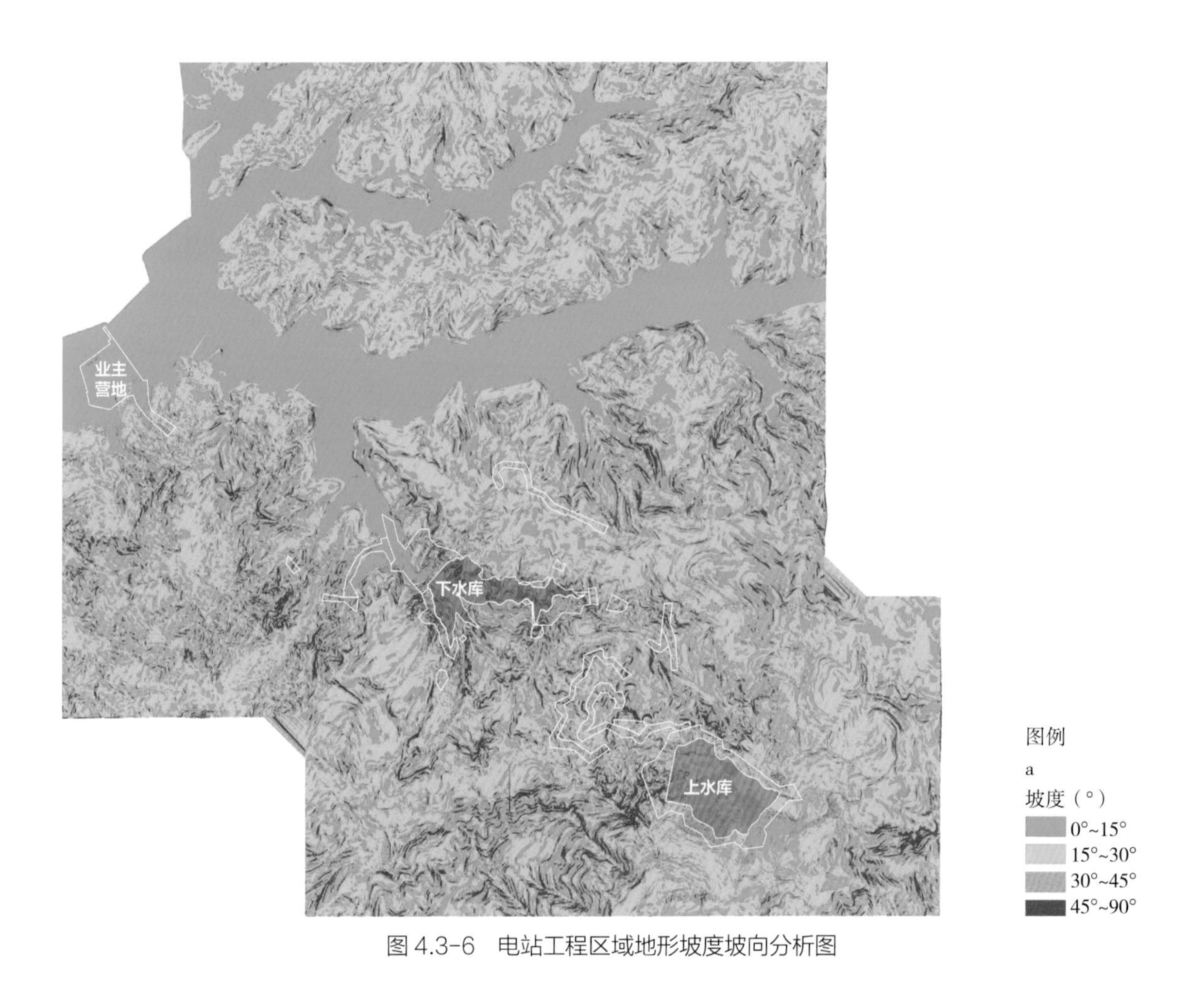

图 4.3-6　电站工程区域地形坡度坡向分析图

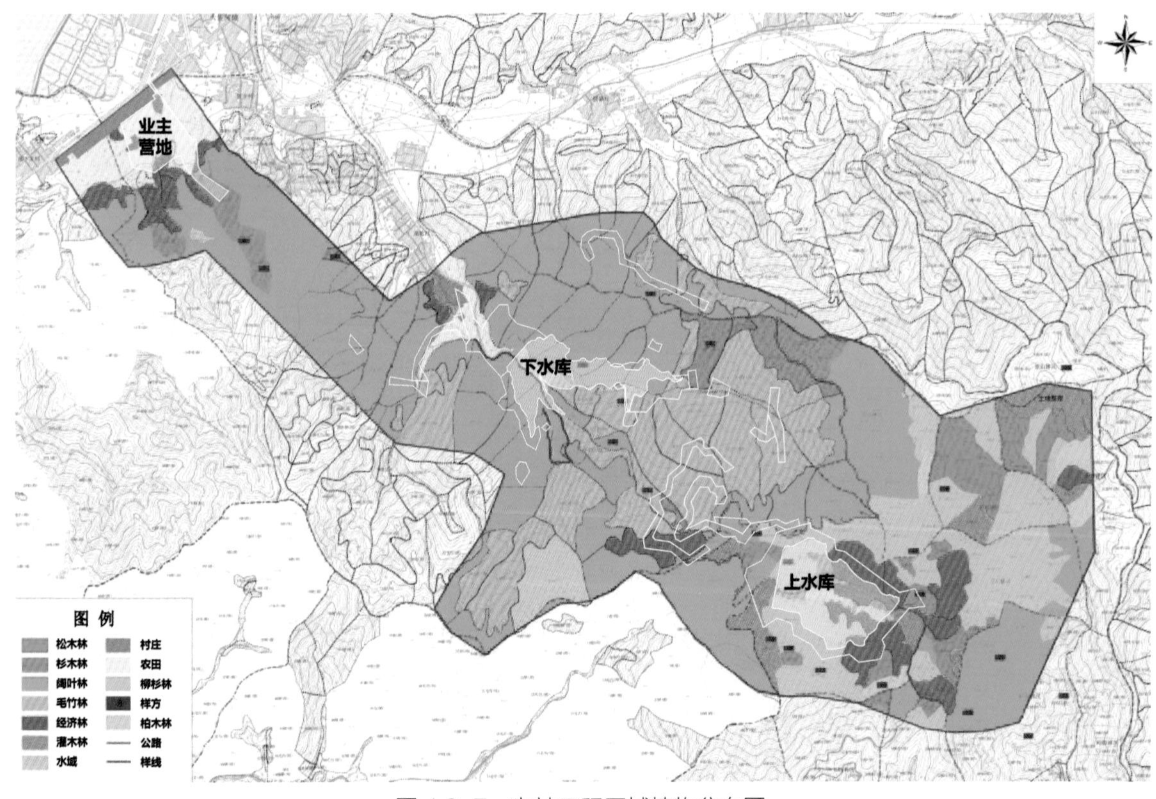

图 4.3-7　电站工程区域植物分布图

行反映，最终根据各个场地斑块植被内的植物覆盖度以及植物种类丰富度进行分析评价。根据植物覆盖度越高，植物种类越丰富，生态敏感度越高的原则，对这些区域进行划分，为后续环境保护和修复以及环境设计改造提升提供依据支撑。

4.3.2.2 现状环境资源价值评价

根据现状环境调查进行总结，划分为生态资源、景观资源、历史人文资源、工程资源等现状环境资源类型。其中，工程资源主要为电站主体工程建设形成的资源，一般出现于电站运营期，但在现状环境资源评价中作为既定现实进行统一评价，体现整体性，保证评价形成准确的资源价值定位，为后续电站环境设计和打造“一站一品”提供重要支撑。

（1）环境资源整理归类

1）生态资源。生态是研究生物与周围环境和无机环境相互关系及机理的科学。生态资源包括一切自然生命及其赖以生存环境的资源统称。抽水蓄能电站研究的生态资源包括山水自然资源、动植物保护性资源等。

抽水蓄能电站上水库一般位于海拔较高，有可能涉及风景名胜区或生态保护区。下水库或位于深山峡谷，或位于地势平坦地区，有可能涉及农林经济区和居民区。筑坝建库有可能在初期蓄水时段改变当地用水条件。施工开挖有可能造成植被毁损及水土流失问题。弃土堆渣和生活污水有可能带来当地水质污染风险。施工扬尘、机械废气有可能造成大气污染等。因此在抽水蓄能电站建设的全过程中，严密注意自然生态环境保护，在可能的情况下，尽量减少对自然生态的破坏，在水面线上的原有植物群落尽量保留，对动植物生态系统实现动态的稳定和平衡。

2）景观资源。景观资源是指能引起审美与欣赏活动，可以作为风景游览对象和风景开发利用的事物与因素的总和，是构成风景环境的基本要素，是风景区产生环境效益、社会效益、经济效益的物质基础。抽水蓄能电站景观资源既包括了自然风景的景观资源，同时也包含了工程建筑、企业形象标志、公园等多种形式的人工景观资源。不同的抽水蓄能电站有其不同的自然条件与工程风格，景观资源也有巨大的差异。因此在景观资源的调查中，要对于各种不同类型的景观进行有重点的归纳总结，形成既能体现抽水蓄能电站景观特色，各电站之间又相互区别的景观资源体系。

3）历史人文资源。抽水蓄能电站综合发展规划不应该仅仅着眼于电站本身，而是应该本着立足当地，将抽水蓄能电站库区范围内打造成为富有地方特色的、展示当地风采、体现区域发展面貌的门户景点而进行综合发展规划。历史人文资源作为展示当地独特的非物质资源，具有明显的地域性和标志性，同时体现了电站景观承上启下的重要作用。

4）工程资源。抽水蓄能电站由于其独特的运行机理，具有代表性的工程建筑较多，上下水库、上下水库坝体、山体护坡、中控楼、开关站、弃渣场、施工工厂及场地等。在总体方案确定后，对这些建构筑物在造型上、风格上以及文化内涵、环境保护等诸多方面进行协调和统一，并适当加以提升，既确保抽水蓄能电站的特点和档次，又为电站综合开发和电站景区化发展创造条件。

以下是浙江宁海抽水蓄能电站通过调研后形成的 3 大类、12 个细类、45 个资源点（表 4.3–3）。

表 4.3-3　浙江宁海抽水蓄能电站现状环境资源统计表

资源大类	资源细类	资源点	数量
自然资源	水体资源	电站上水库、电站下水库、美女瀑、喜鹊瀑、石门溪、和平溪	6
	山体资源	东海云顶、摩柱峰、茶山、东搬山、五鹰峰、情侣岩、绝壁深渊、烽火台、观音岩、南洞、北洞、高山草甸、丘陵地貌	13
	植被资源	竹林、柳杉林、柏林、阔叶林、灌木林、茶树林	6
	动物资源	野生保护动物（蛇类、鸢、四声杜鹃、大杜鹃）	1
	土壤资源	红壤、黄壤	1
	气候资源	气候资源	1
人文资源	宗教庙宇资源	云峰庵、福田古刹、镇法禅寺	3
	历史文化资源	江南艺术馆、灯具博物馆、刀具博物馆、古船博物馆、抽水蓄能电站纪念馆、方孝儒纪念馆	6
	生活体验资源	大佳何镇	1
工程资源	工程建设资源	石材、临时便道	2
	工程展示资源	坝体、抽蓄电站	2
	工程运营资源	公路、清洁能源、电站建筑	3

（2）评价体系

对现状环境资源价值主要从风景旅游价值和与工程紧密度两个方面进行评价。

1）风景旅游价值评价。以《旅游资源分类、调查与评价》（GB/T 18972—2003）为参照，从工程建设角度，针对现有资源的利用途径，经过市场调查和专家评分，对现有资源进行定量与定性的评价。

旅游资源是生态资源、景观资源、历史人文资源、工程资源等各种资源的综合。注重对各种资源特色的提炼、分析与景象展示构思，并合理安排游赏项目，有序进行风景单元组织、游线组织与游程安排，科学地进行游人容量调控，完善风景游赏系统结构分析内容（表 4.3-4）。

表 4.3-4　游赏系统结构分析表

旅游资源	游赏项目
野外游憩	休闲散步、郊游野游、垂钓、登山攀岩、骑行
审美欣赏	览胜、摄影、写生、寻幽、访古、寄情、鉴赏、品评、写作、创作
科技教育	考察、探胜探险、观测研究、科普、教育、采集、寻根回归、文博展览、纪念、宣传
娱乐体育	游戏娱乐、健身、演艺、体育、水上水下运动、冰雪活动、沙草场活动、其他体智技能运动
休养保健	避暑避寒、野营露营、休养、疗养、温泉浴、海水浴、泥沙浴、日光浴、空气浴、森林浴
其　他	民俗节庆、社交聚会、宗教礼仪、购物商贸、劳作体验

从旅游资源角度，对按五级评分制对规划研究区域内主要资源进行评价，得出主要资源单体评价赋分值，从高级到低级为：①五级旅游资源，得分值域≥ 90 分；②四级旅游资源，得分值域≥ 75~89 分；③三级旅游

资源，得分值域≥ 60~74 分；④二级旅游资源，得分值域≥ 45~59 分；⑤一级旅游资源，得分值域≥ 30~44 分；⑥未获等级旅游资源，得分≤ 29 分。

五级旅游资源称为“特品级旅游资源”；四级、三级旅游资源被通称为“优良级旅游资源”；二级、一级及以下旅游资源被通称为“普通级旅游资源”。浙江宁海抽水蓄能电站规划研究区域内共有优良级旅游资源 22 种，普通级旅游资源 23 种，总共达 45 种。

2）与工程紧密度评价。根据电站现状环境资源与电站工程紧密度关系进行评价，分为三级：与本工程联系非常紧密、与本工程联系较为紧密、与本工程联系一般紧密。

一级：与本工程联系非常紧密。一般分为两部分：一部分是电站自身工程，如大坝、水库、建筑等；另一部分是位于电站红线范围内的各类环境资源。

二级：与本工程联系较为紧密。主要指位于工程红线边缘的环境资源以及位于电站工程与征地红线之间的灰色空间环境资源，较容易受到工程建设影响的环境资源。

三级：与本工程联系一般紧密。主要指电站红线范围之外，但是环境资源价值较高，对电站远期综合发展以及对电站环境风貌特点具有重要意义的环境资源点。

（3）评价结论

通过对现状环境资源的评级，提出电站环境资源的特点并进行总结（表 4.3-5）。为后续环境设计特点，打造“一站一品”风格提供支撑，同时为后续综合发展提供有力保障。

表 4.3-5　浙江宁海抽水蓄能电站现状环境资源评价结论

浙江宁海抽水蓄能电站现状环境资源评价结论		
具备良好的旅游资源——提升本工程的知名度和人气	本工程地区具有四季宜人的气候资源和风景秀丽的山水资源	总体风貌：在东海云顶为特色的自然山林地貌环境，蕴藏了水库及山泉溪涧资源，此处植被丰茂、绿色覆盖率高，茶田成为当地名产，亦是文化景观
具备可利用的生态资源——优化本工程的环境	本工程所在的山林环境优良，且具有物种多样性的生态条件，动植物物种多样	
具备地域文化资源——对本工程建设有指导作用	当地的宗教文化、产茶文化、历史名人文化具有一定的影响力，或历史悠久或成一定规模，其特色文化可作为提取元素，对本工程建设具有指导意义	
工程附加资源——工程建设中和建成后对该地带来的资源	本工程能在现有资源的基础上带来附加资源，例如展示当代先进工业科技、提供清洁能源、优化电网配置等	

4.3.3　环境基底保护设计

基于现状环境资源调查和环境评价，结合电站主体工程布置，在生态保护工程设计互馈机制下，对现状环境基底进行保护设计。生态保护优先，同时考虑工程经济，二者寻求平衡。抽水蓄能电站环境基底保护设计主要从电站山体环境、植被环境、动物环境、气候环境、历史人文环境等方面进行保护。

4.3.3.1 山体环境基底保护设计

山体环境基底保护设计主要分为两个方面：一方面对与电站工程联系度为一级、二级环境资源点进行保护设计，尤其是紧密度为二级的区域，紧邻电站征地红线或位于主体工程边缘地带，容易在工程建设实施时遭到破坏，需要划定保护线，在工程建设时提出保护措施进行保护（图 4.3–8）；另一方面基于 GIS 软件分析，形成区域坡度分布图。坡度较陡区域生态敏感性较强，生态较脆弱。此类区域建议尽可能少安排主体工程布置，主体工程应安排布置于平坦场地（图 4.3–9）。尤其是电站内部的各类道路，路线较长，对山体破坏较大，在电站路线选择的时候，避开较陡区域。在不可避免的情况下，建议多考虑桥、隧组合的道路形式，使得道路建设对山体破坏最小。通过两方面的山体环境基底保护设计，极大地减少工程建设对山体环境基底的破坏。

4.3.3.2 植被环境基底保护设计

根据电站区域范围的植被调查情况，主要为植被覆盖位置、植被种类以及珍稀植物分布等，对美丽抽水蓄能电站植被环境基底进行保护设计，尽可能采取现状保护为主（图 4.3–10~ 图 4.3–12）。首先保护植被茂盛且植被种类丰富区域，通过分析可知，植被越茂盛种类越丰富，生态系统越完善。这些区域一旦遭受工程破坏，对于现有的植被环境系统将产生较大影响。因此，基于生态保护工程设计互馈机制的原则，电站工程在选址、主体工程布置等应尽可能避开此类区域。将主体工程或各类工程占地尽可能布置于植被无覆盖或者有覆盖但植被种类相对较单一的区域。其次对于电站内的珍稀植物进行保护设计，采取原地保护

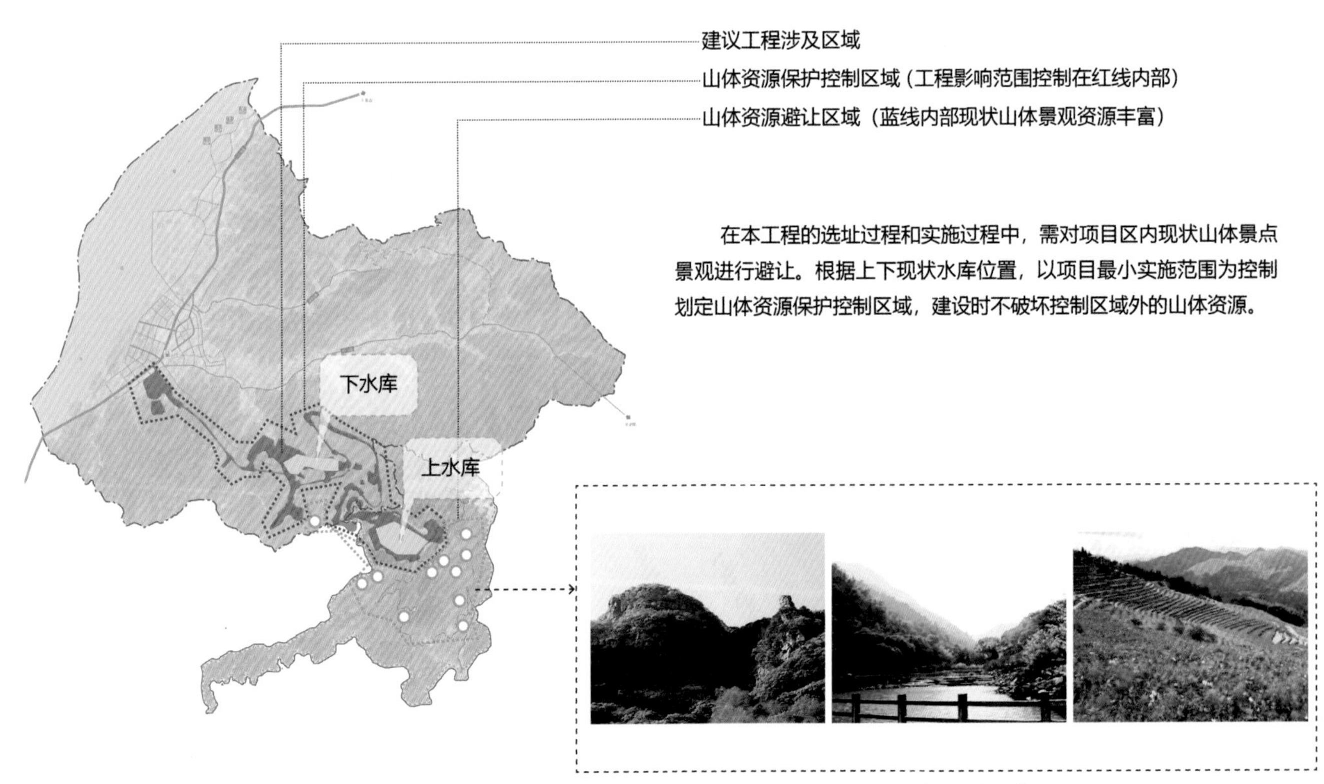

图 4.3–8 浙江宁海抽水蓄能电站山地环境基底保护设计分析图（一）

通过坡度分析，建设工程在方案设计时选择地势较为平坦的区域作为营地建设区域、设备堆放区域、临时辅助场地（加工、仓库、机械修配等）、道路等，其中上下水库连接公路无法避免破坏山体，但可以以隧洞方式尽可能减少对山体的破坏。

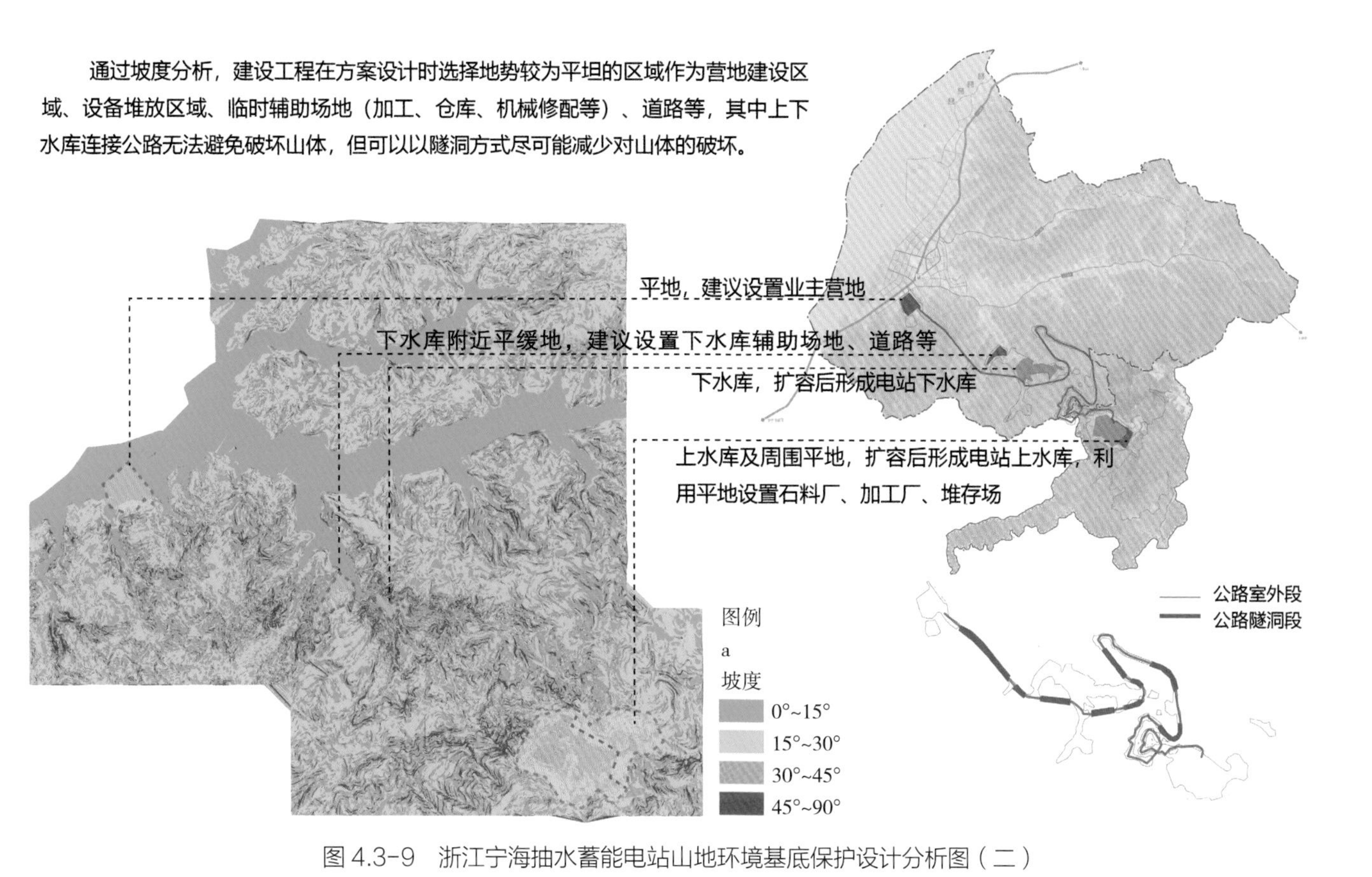

图 4.3-9　浙江宁海抽水蓄能电站山地环境基底保护设计分析图（二）

本工程评价范围内有古树名木 5 棵，工程施工不会对这 5 棵古树名木产生影响。对于福田古刹旁的 3 棵古树名木采取就地保护措施。在工程开工前对这 3 棵古树设置栏杆围护和标识牌，进行就地保护，避免施工活动对古树造成影响破坏。

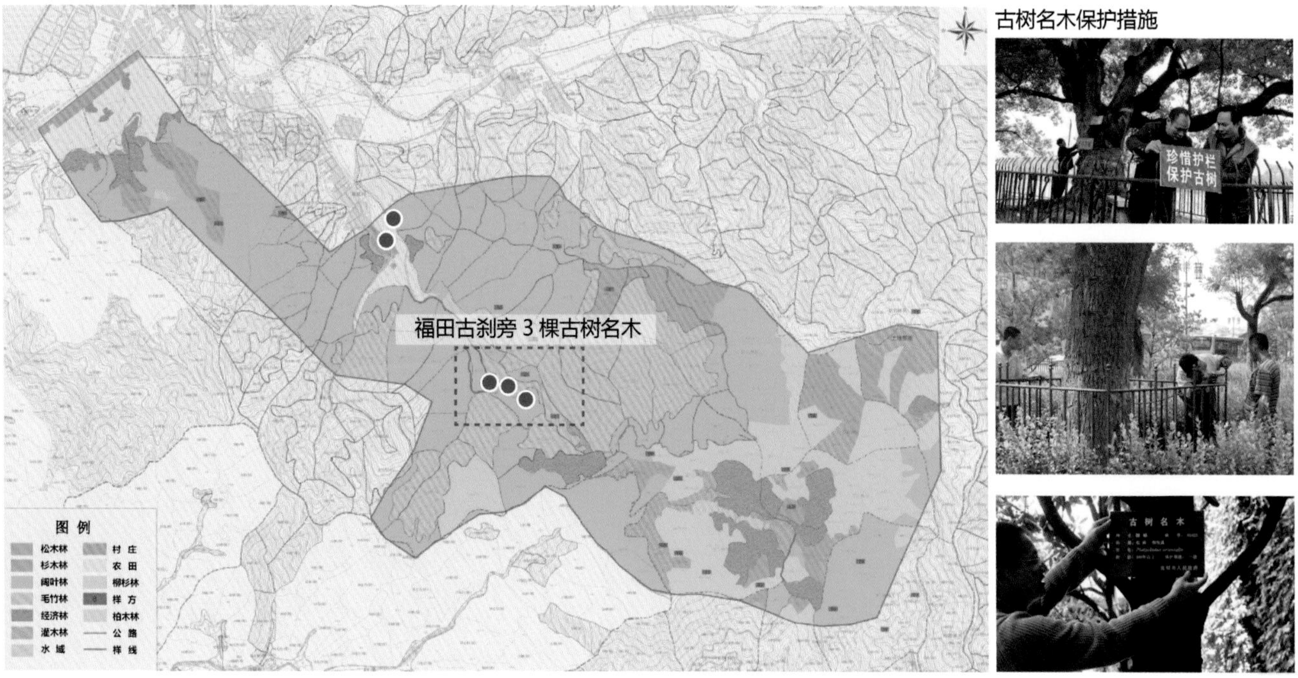

图 4.3-10　浙江宁海抽水蓄能电站植被环境基底保护设计分析图（一）

为主，编制保护措施（如挂牌），在工程实施期间，通过围挡等进行保护。对因工程占地需要而不可避免会遭破坏的珍稀植物采取移栽，异地集中保护。最后根据各个电站实际植被特色进行保护设计，如茶园、杜鹃海、马尾松林等，这些特色植被将成为美丽抽水蓄能电站非常重要的特色环境基底。

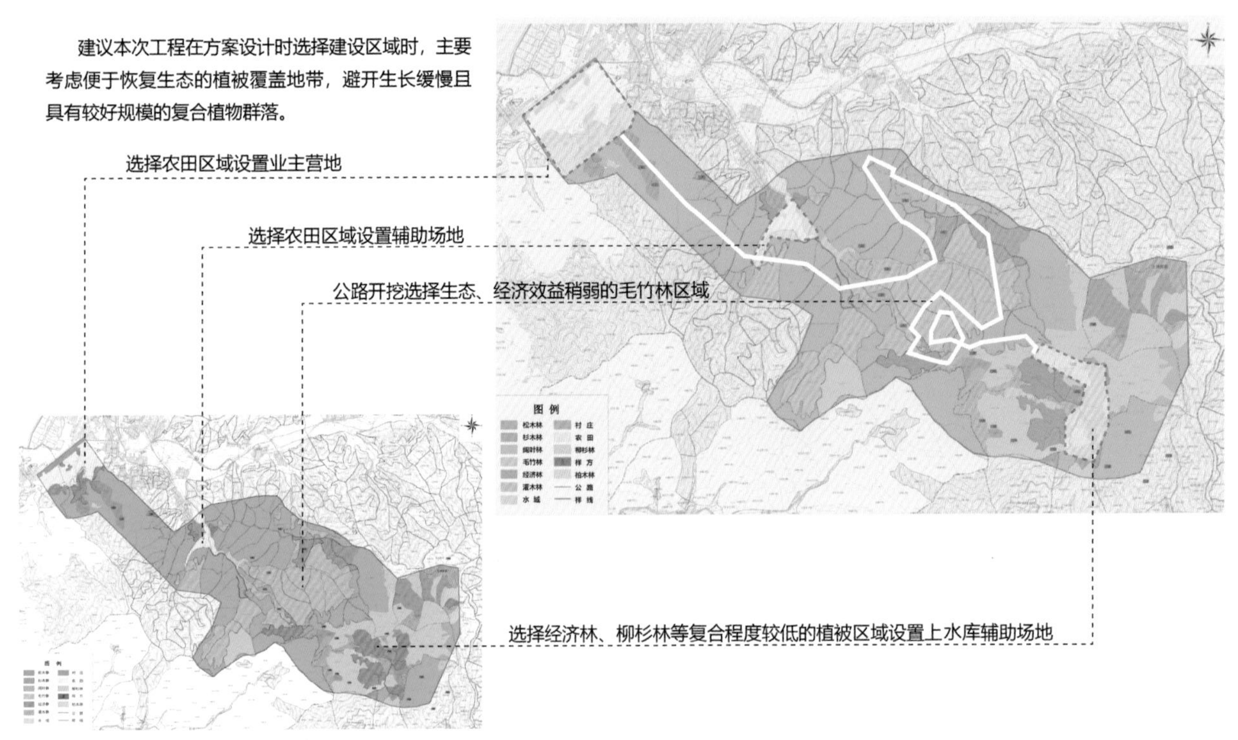

图4.3-11　浙江宁海抽水蓄能电站植被环境基底保护设计分析图（二）

上水库（茶山水库）周围有大量茶田，分布高程为562~632m。电站建成后上水库的正常蓄水位为611.00m，分布高程611~632m的茶田可以保留。此外，由于当地的青岩云雾茶较为有名，茶山水库周旁的茶田又颇具规模，尽管抽蓄电站建成后，会淹没大部分茶田，但建设茶文化景观，将场地记忆留存，也是对茶田资源的一种保护手段。

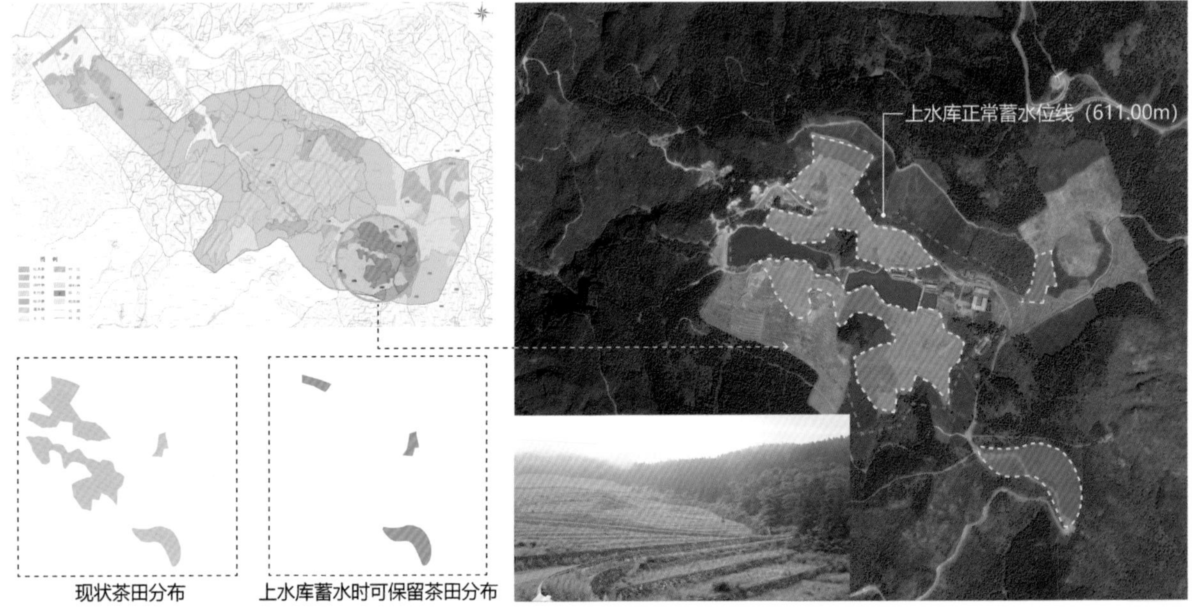

图4.3-12　浙江宁海抽水蓄能电站植被环境基底保护设计分析图（三）

现状气候温暖湿润、四季分明、雨水充沛的气候资源有利于生物生长和人类栖居。在工程建设选择侵占对环境气候贡献较小的区域，如农田、灌木林、毛竹林等，尽量避免选择乔木林。同时，编制生态环境保护报告，指导后续的工程建设和运行。

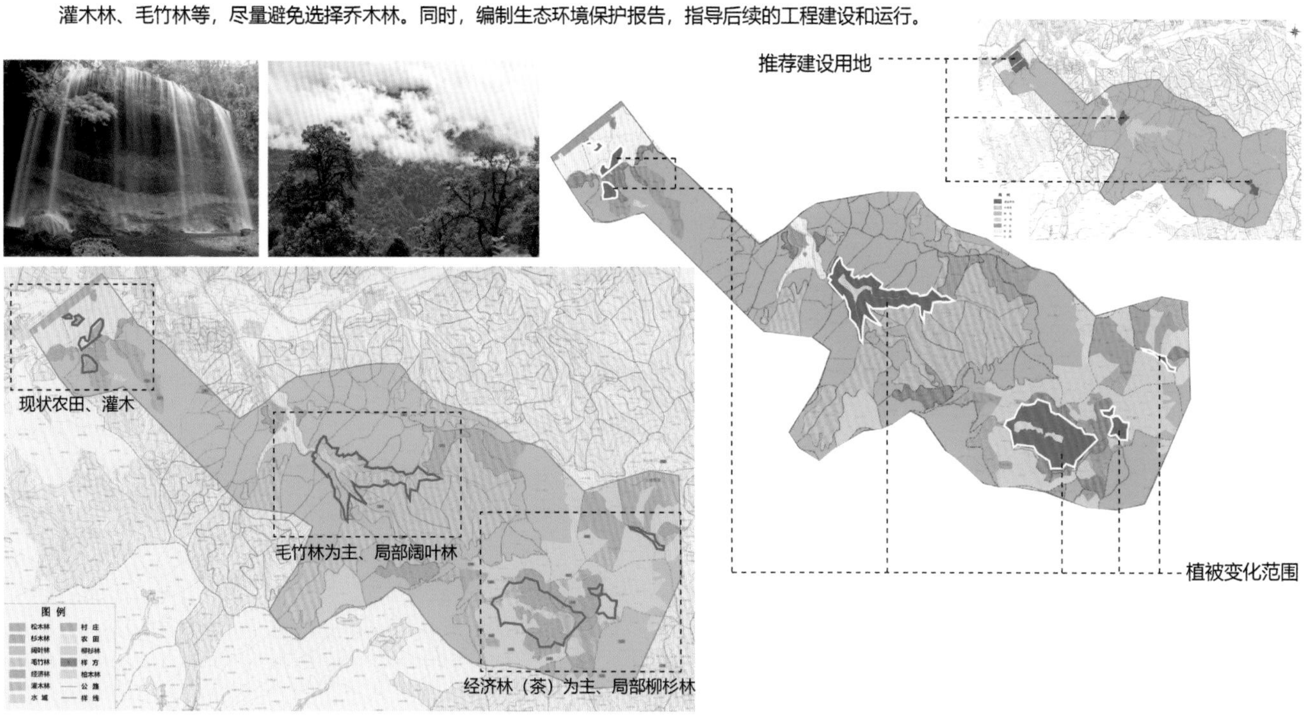

推荐建设用地

现状农田、灌木

毛竹林为主、局部阔叶林

经济林（茶）为主、局部柳杉林

植被变化范围

图 4.3-13　浙江宁海抽水蓄能电站气候环境基底保护设计分析图

4.3.3.3　气候环境基底保护设计

电站所处山地区域的地形地貌、植被或水系的变化很有可能对区域的微气候产生影响，并对区域的生态系统产生一定较大影响。植物覆盖度高、大面积乔木以及大面积水域、山谷等对区域微气候会产生影响。反之，植被覆盖度低、以灌草为主的场地以及水域较小或无水域场地、平地等对区域微气候影响相对较弱。因此电站主体工程布置、电站各类用地分布等，尽可能选择进行布置设计（图 4.3-13）。

4.3.3.4　历史人文环境基底保护设计

根据现状环境调查，对场地中的历史人文，如文化遗迹点、建构筑物、古桥、古井等进行保护设计（图 4.3-14）。根据与工程联系紧密度采用不同方式保护设计，针对联系紧密度为一级和二级的建议原地保护，通过挂牌、施工期围挡等进行保护。联系紧密度为三级的，因工程布置需要确需拆除的，应进行异地保护设计。

4.4　生态环境修复设计

4.4.1　边坡生态修复

在抽水蓄能电站的建设过程中往往存在较多的开挖工程，形成众多开挖边坡，对自然生态环境影响较大。边坡的生态修复显得尤为重要。从边坡成因、物质组成、岩体结构、坡高和坡度、岩层走向与坡面走向关系、变形与破坏等角度出发，国内外已提出了多种边坡分类方法或体系。但由于地域的地质条件、应用的工程领

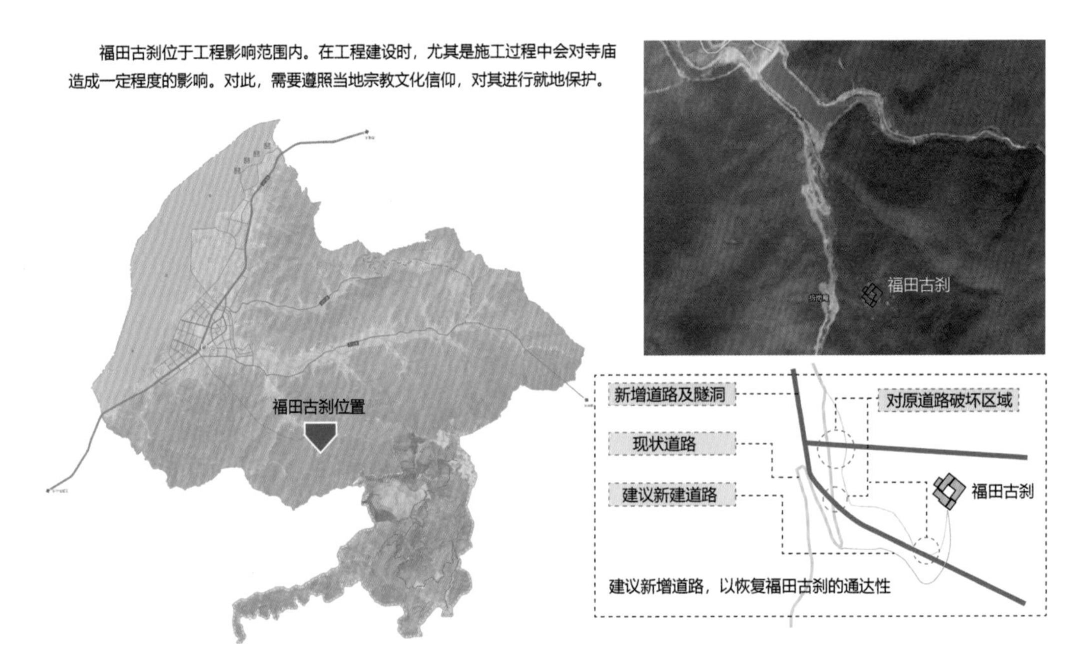

图 4.3-14　浙江宁海抽水蓄能电站历史人文环境基底保护设计

域不同，分类目的、原则和方法也不完全相同。按与水电工程关系将边坡分为建筑物边坡与库区环境边坡，其中开关站边坡、启闭机房边坡及其他建筑边坡等属于建筑物边坡，道路边坡（包含进场公路、上下水库连接公路、库岸公路等边坡）、隧道洞口边坡、大坝及库岸边坡等属于库区环境边坡（图 4.4–1）。

4.4.1.1　开关站边坡

开关站常布置于下水库库岸，通常建于开挖平台上，故开关站背面存在较高边坡。开关站边坡生态修复方式一般有两种：一是以岩质边坡喷混为主，设多级马道，并在坡脚及马道设种植槽，槽内种植上爬下挂植物进行美化；二是以框格梁边坡为主，设多级马道，框格梁内以 TBS 喷播或放置植生袋的方式进行生态修复，同时在坡脚及马道设种植槽，槽内种植上爬下挂植物进行美化。

4.4.1.2　启闭机房边坡

启闭机房边坡存在于上水库与下水库库岸，因启闭机房位于进出水口上方，通常建于开挖平台上。启闭机房背侧一般山体较陡，往往开挖边坡较高且坡比较陡。启闭机房边坡生态修复方式一般有两种：一是以岩质边坡喷混为主，设多级马道，并在坡脚及马道设种植槽，槽内种植上爬下挂植物进行美化；二是以框格梁边坡为主，设多级马道，框格梁内以 TBS 喷播或放置植生袋的方式进行生态修复，同时在坡脚及马道设种植槽，槽内种植上爬下挂植物进行美化。

4.4.1.3　其他建筑边坡

其他建筑可能存在开挖边坡，具体视场地地形而定，业主营地、上下水库管理用房或其他区域地形复杂（高差变化大）的情况下一般会存在开挖边坡。其他建筑边坡生态修复方式一般有三种：一是以岩质边坡喷混为主，设多级马道，并在坡脚及马道设种植槽，槽内种植上爬下挂植物进行美化；二是以框格梁边坡为主，

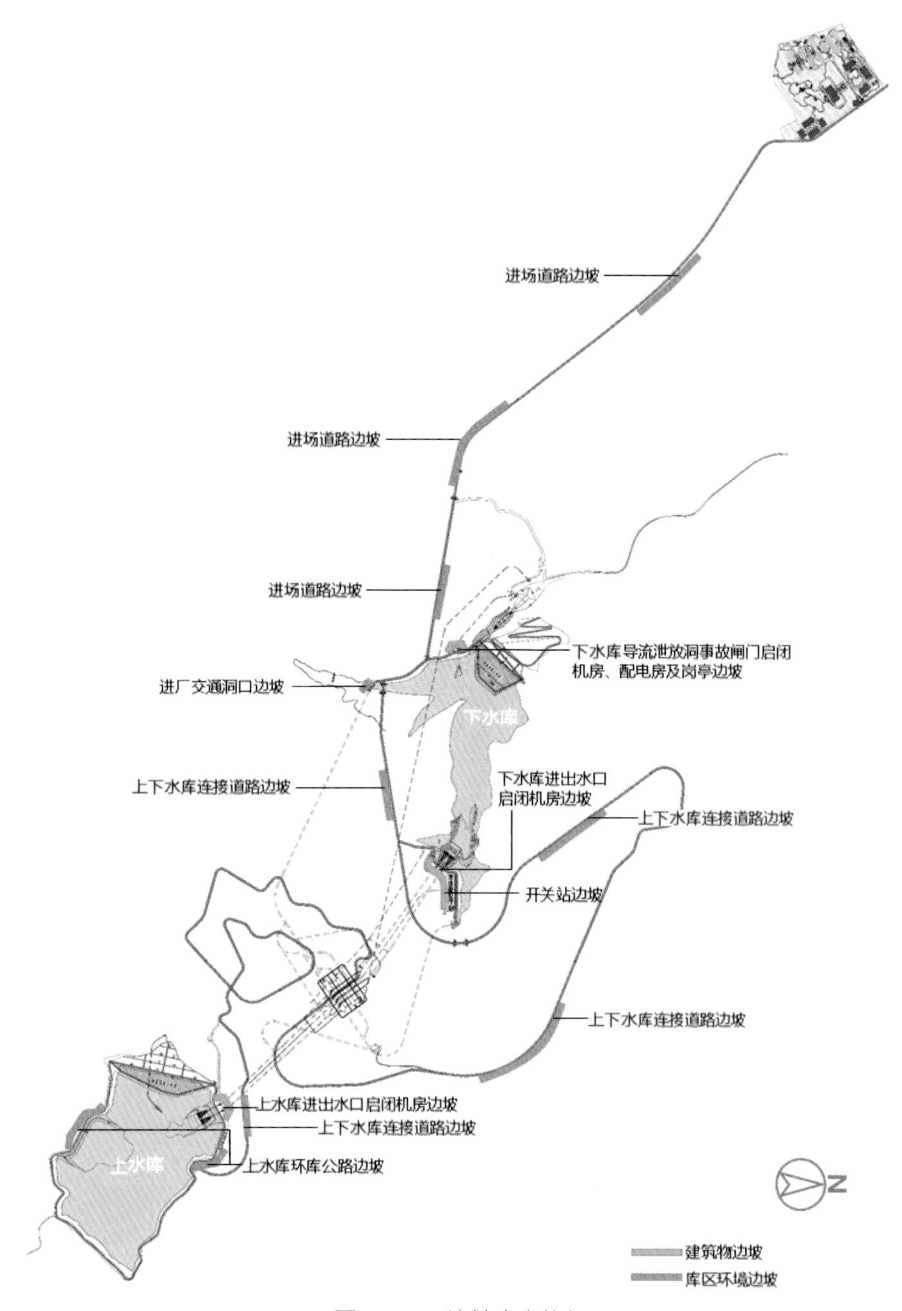

图4.4-1 边坡生态修复

设多级马道，框格梁内以 TBS 喷播或放置植生袋的方式进行生态修复，同时在坡脚及马道设种植槽，槽内种植上爬下挂植物进行美化；三是直接以 TBS 喷播技术或厚层基材吹附工艺进行生态修复。

4.4.1.4 道路边坡

抽水蓄能电站内道路众多，有进场公路、下水库环库路、上下水库连接公路及上水库环库路，道路边坡一般位于山地型道路路侧，生态修复时，需根据现场条件考虑覆绿手法。在路侧绿化宽度大于 1.5m 的区域设置种植槽，可种植大型乔木作为行道树，宽度大于 1m 小于 1.5m 区域设置种植槽，可种植灌木与小乔木，边坡以喷播草籽及灌木种子为主，坡脚和马道同样设种植槽，主要采用上爬下挂的藤本植物，适当种植灌木或观花小乔木。

4.4.1.5 隧道洞口边坡

抽水蓄能电站内存在众多隧道洞口，有进厂交通洞洞口、通风兼安全洞口及各类施工支洞口。隧道洞口边坡生态修复方式一般有两种：一是以框格梁边坡为主，设多级马道，框格梁内以 TBS 喷播或放置植生袋的方式进行生态修复，同时在坡脚及马道设种植槽，槽内种植上爬下挂植物进行美化，同时在洞口设置洞脸装饰，风格与建筑一致；二是采用生态塑石对洞脸进行装饰，并在塑石顶部及两侧设种植槽，槽内种植上爬下挂植物进行美化。

4.4.1.6 大坝边坡

电站上水库和下水库均设置一道坝体，作为上水库和下水库重要的主体工程，大坝是上水库和下水库一个重要生态环境聚焦点，针对钢筋混凝土面板堆石坝，坝后坡一般采用框格梁防护。大坝边坡生态修复一般先在框格梁内覆土，坝面以植草为主，局部种植花灌木进行美化，多采用植物写字的形式。

4.4.1.7 库岸边坡

电站上下水库日常水位变化大，在消落带与库岸道路之间边坡一般是稳定的自然边坡或框格梁边坡（进出水口两侧）。库岸边坡生态修复方式一般有两种：一是以框格梁边坡为主，框格梁内以 TBS 喷播或放置植生袋的方式进行生态修复；二是以自然草坡为主，以 TBS 喷播或自然撒播草籽灌木的方式进行绿化修复。

4.4.2 边坡生态修复方法及工艺

4.4.2.1 液压喷播工艺

液压喷播生态恢复措施是将植物种子、土壤、有机质等有一定黏稠度的悬浊液，通过专用喷播机械设备喷射到设有纤维网的绿化坡面上，重建半人工半自然的生态系统（图 4.4–2）。液压喷播工艺主要考虑 3 个因素：①边坡坡度为 45°~ 65°；②边坡纵向距离均在 25m 内；③重点景观轴线、视线周边的半岩质和土质边坡。其适用于土质达坡稳定、有一定坡度但不规则，且土壤和强风化岩石成分较多，土质营养成分要求不高的边坡，如工区道路两侧未经平整的普通边坡等，普通喷播主要材料为冷季型草坪或暖季型草坪和藤本植物、黏合剂、纤维质、保水剂及营养液等。具有施工工艺简单，对施工区土壤的平整要求不高；景观效果整齐、

图 4.4–2 液压喷播工艺边坡生态修复过程

统一；成坪时间快慢和功能可以选择和调整；工程造价成本低等优点，但固土保水能力一般，若品种选择不当或混合材料不够，后期容易造成水土流失或冲沟。

4.4.2.2 网格梁固坡工艺

网格梁生态恢复措施是用钢筋混凝土网梁固坡，结合植生袋覆土，播撒植物种子或栽植幼苗来实现生态恢复（图 4.4–3）。植生袋覆土是将选好的植被种子、种植土、肥料等材料装入特制的纤维网袋，以设计角度垒砌固定并浇水养护。通过植生袋透水不透土的过滤功能，改善植物生长基质环境。其工序流程：植生袋灌注—植生袋堆砌—植生袋加固养护。网格梁生态恢复措施适用于坡度为 65°~75° 地形不规则、面积较大且容易滑坡和塌陷的岩质、半岩质边坡。

图 4.4-3 网格梁固坡工艺边坡生态修复过程

4.4.2.3 乔灌木撒播工艺

乔灌木撒播生态恢复措施是以固氮护土能力较强的草本科和豆科植物为早期演替树种，在固土护坡、减少水土流失的前提下对土壤基质进行改善，播种同时混合中后期演替植物种子，恢复原生自然生态系统。主要使用在坡度较缓，原有土质基础氮磷钾含量较低，土壤肥力无法保证植物正常生长等地块。

4.4.2.4 TBS 厚层基材吹附工艺

在弱风化的岩石地区，且工程面大于 70° 的高陡边坡上采用挂网（土工网、钢丝网等），再将草种、纤维质、营养基质、保水剂等物质混合后高压喷植草坪到挂网坡面（图 4.4–4）。其适用于弱风化岩石边坡、坡度陡峭大于 70° 以上，土壤和营养成分极少的边坡，如石料场的岩石边坡。挂网喷播主要材料为铁丝网、土工格、固钉、混播植物种子、黏合剂、纤维质、保水剂、营养液及泥炭土等。挂网喷播解决了普通绿化达不到的施工工艺效果，且不受地质条件的限制，但施工技术相对较难，工程量较大，工程造价高。

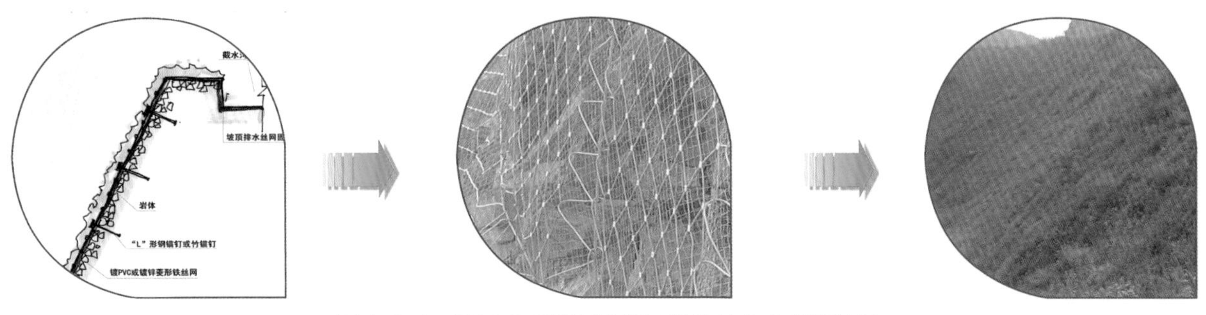

图 4.4-4 TBS 厚层基材吹附工艺边坡生态修复过程

4.4.2.5 种子生态袋工艺

将种植土及种子（草种、花种、灌木种子）装入特制的 PVC 网袋，以设计角度垒砌固定并浇水养护（图 4.4–5）。生态袋具有透水不透土的过滤功能，既能防止土壤和营养成分混合物的流失，又能实现水分在土壤中的正常交流，植物生长所需的水分得到了有效保持和及时补充，对植物非常友善，使植物穿过袋体自由生长。根系进入工程基础土壤中，如无数根锚杆完成了袋体与主体间的再次稳固作用。

图 4.4-5 种子生态袋工艺边坡生态修复过程

4.4.2.6 种植槽工艺

主要针对石料场等开挖形成的陡峭的岩质边坡面，利用犬牙交错的陡坎和小平台作种植槽或种植坑，必要时打些锚杆或锚固钉，利用工程锚杆固定和现浇混凝土形成种植槽，槽内装填含有保水剂的种植土，种植五色梅、爬山虎、葛藤等爬藤类植物的一种边坡绿化工艺。

4.4.3 各类临建场地生态修复

临建场地主要包括各渣场、料场、钢管加工厂、炸药库等临时用地，后期随着电站建设过程的推进将逐一拆除（图 4.4–6）。这些场地在施工过程中受到的影响较大，为保证良好的施工环境，减少水土流失，改善施工环境，前期采取播撒草籽等临时措施进行生态修复，后期结合电站场地规划与永久覆绿相结合，采用基础恢复（主要选用先锋树种）以及特色修复两种方式进行生态修复。

基础恢复以迹地恢复为主，投入相对较少，待地块生态稳定后基本不需要后期维护（图 4.4–7）。迹地恢复是一个重新创造、引导，推进自然演化的过程。前期因施工原因可先进行撒播草籽处理，后期设备拆除后通过大量种植人造林带进行初步覆绿，然后在人造林的基础上进行补种多样混交树种，强化自然演替进程，形成构造复层式、植被多样化的稳定群落。

图 4.4-6 临建场地生态修复过程

特色修复是结合电站场地规划，以特色植物造景、经济林种植等人为介入的行为进行生态修复的手段，投入相对较高，产出也更高，同时能满足库区内人员以及外部人员的生活、观光等需求，体现以人为本的设计思想（图 4.4–8）。

图 4.4–7　基础恢覆绿化实景图

图 4.4–8　特色修覆绿化实景图

5 基于“地域文化，电站形象”的建筑设计

5.1 建筑类型和分布特征

5.1.1 建筑类型

抽水蓄能电站地面附属建筑一般分为生活型建筑、办公型建筑以及生产型建筑。

（1）生活型建筑

生活型建筑主要指提供电站建设期管理人员和运行期管理人员日常生活所需的建筑，一般包含宿舍、食堂、活动中心等。

（2）办公型建筑

办公型建筑主要指提供电站建设期管理人员和运行期管理人员办公所需建筑，一般包括办公楼、上下水库管理用房、厂区内各类门卫房等。

（3）生产型建筑

一般指为电站建设配套使用及电站主体工程生产运营配套使用的建筑，电站建设期配套建筑主要危险品库、棚库、封闭仓库、恒温恒湿仓库、实验楼等，电站主体工程生产运行配套建筑有中控楼、开关站建筑（GIS 室、继保楼、出线洞排风塔、柴油发电机房）、上水库及下水库启闭机房、配电房、泄放洞启闭机房、泄放洞锥阀室、排风竖井口建筑、中水处理房、污水处理及消防泵房、消防站等。

5.1.2 建筑分布特征

电站建筑一般以电站总体布局为基础，建筑分布主要呈现两种类型：分散式布置和集中式布置。

（1）分散式布置

一般为上水库及下水库启闭机房和配电房、泄放洞启闭机房、泄放洞锥阀室、排风竖井口建筑、中水处理房、污水处理及消防泵房。这些建筑与主体工程密切，一般单独设置于某个主体工程附近或者为该主体工程的重要组成部分。

（2）集中式布置

一般为办公楼、宿舍楼、食堂、活动中心、中控楼、消防站、棚库、封闭式仓库、恒温恒湿库、GIS 楼、继保楼、出线洞排风塔、柴油发电机房、启闭机房、35kV 施工变（若有）以及配套门卫和水处理房等（图 5.1–1）。集中式建筑由于建筑体量相对较大，一般选择平坦场地布置。但电站工程范围内基本上以山地为主，因此大部分集中式布置建筑需要进行现状场地开挖和平整。

办公楼、宿舍楼、食堂、活动中心、中控楼及门卫等一般集中布置，称为业主营地即建设者和运营者生活办公场地，前期为建设者所用，后期为运行者所用。一般情况下业主营地只设置一个，但特殊情况下，业主营地可分为前方营地（位于或靠近电站主体工程）、后方营地（距离电站主体工程有一定距离，一般靠近集镇或城市中心）。如果设置两个营地，一般情况下中控楼位于前方营地，并将办公楼、宿舍楼、食堂等

根据使用需求在前方营地、后方营地中进行合理配置。

棚库、封闭式仓库、恒温恒湿库及门卫等一般集中布置，称为仓储区，一般在电站建设期使用，远期一般进行改造提升作为运营期的生活、办公配套用房。

GIS 楼、继保楼、出线洞排风塔、柴油发电机房及门卫等一般集中布置，称为开关站，是电站运营生产重要的组成建筑。

35kV 施工变（若有）一般由升压站、配电所、门卫房等组成，集中布置。

消防站（若有）一般和营地或仓储区一起布置，但功能独立。

启闭机房位于上水库、下水库进出水口位置。

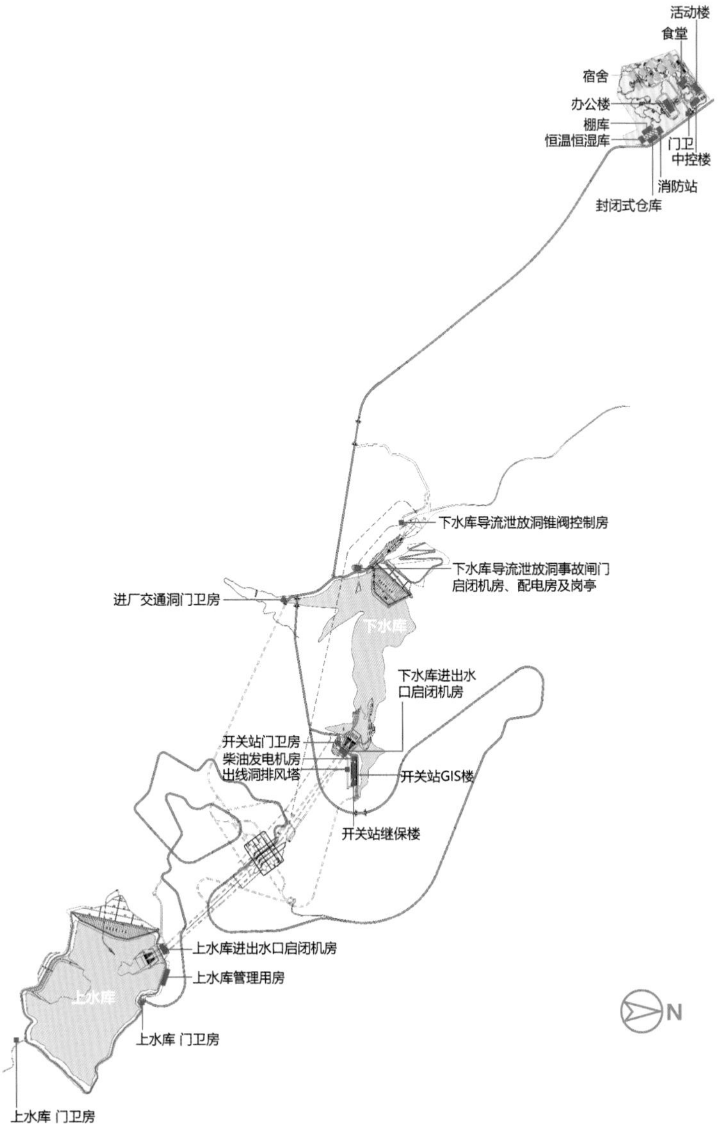

图 5.1-1　浙江宁海抽水蓄能电站主要建筑布置图

5.2　建筑设计策略

5.2.1　基于建筑场地环境，因地制宜

对于业主营地、仓储区、开关站等建筑较集中区域建筑布局应充分考虑场地地势、朝向，尽可能地减少场地的挖填。如确实存在挖填，也宜做到场地内的挖填平衡，以保证工程的经济性，同时减少对场地地形地貌的改变。

5.2.2　关注建筑功能需求，功能明晰

电站内的建筑类型多样，主要有业主营地、仓储区、开关站、管理用房以及各类主体工程建筑物等，分为生活型建筑、办公型建筑、生产型建筑三大类。建筑设计应根据建筑类型进行划分，针对业主营地建筑布局考虑办公、生活、活动等多种需求且人员活动相对集中，宜做到各类功能既相互分离，同时又紧密联系，减少户外距离的空间影响。对仓储区、开关站以及其他建筑，功能比较单一，建筑布局满足功能即可。业主营地（办公楼、宿舍楼、活动楼、食堂）、管理用房、门卫房等建筑在形体外观设计上与中控楼、启闭机房、仓储区（棚库、恒温恒湿库、封闭式仓库）、开关站（GIS 楼、柴油机房、继保楼）等生产型建筑相比更为复杂，形式也更加多变，但需做到整体风格统一，并于细节处体现建筑功能差异，使得电站内的建筑功能更加明晰。

5.2.3 强调地域和企业文化，特色彰显

电站内的建筑是电站风貌特征主要表现载体，是电站形象特征的重要组成部分。电站工程除了工业属性外，在一定程度上具有地域属性和企业属性，因此电站工程建设需强调地域和企业文化建设。建筑需要充分挖掘地域建筑风貌特征和布局特点、建筑材料特性等，同时深度了解电站所属企业的文化印记，将二者巧妙地融入到电站建筑布局、外观形体等设计中，使得建筑在融入地域和自然环境的同时又具备独特的电站企业形象，做到特色彰显，避免抽蓄电站千站一面，以期实现“一站一品”的电站建筑设计。

5.3 建筑布局设计

建筑布局空间是电站建筑环境的重要组成部分，良好的建筑布局空间为电站营造丰富的室外游憩、交流和活动空间提供基础，为使用者创造更多的游憩体验。一般电站所处区域现状地形复杂，尤其是集中式建筑布置，基本上位于坡地之上，如何形成合理的建筑布局，关系着电站生态环境的更好保护，也是电站与自然环境是否融合的重要体现，更是电站建成后重要的风景点。因此建筑布局空间设计是电站建筑环境设计的首要任务和基础所在。

5.3.1 分散式建筑布局设计

分散式建筑主要为电站主体工程附属建筑或配套建筑，与主体工程关系紧密。因此建筑布置基本上位于主体工程附近或与主体工程结合。

1）上水库及下水库管理用房：一般位于上水库及下水库库岸公路边，靠近上下水库连接公路与库岸公路交叉口区域。建筑一般平行于库岸公路，位于库岸公路离库侧，背山面库向阳布置。并与道路保持一定的距离，为停车和景观、绿化造景留下空间。

2）各类门卫房：除开关站门卫、业主营地门卫以及仓储区门卫外，其余门卫，一般有上水库管理门卫、下水库管理门卫、进厂交通洞洞口门卫、通风兼安全洞洞口门卫等，根据各自的管理范围，合理地设置于入口区域。布置宜靠近或平行道路，保证道路上下游视线开敞，有条件的位置宜向阳布置。

3）上水库及下水库启闭机房、配电房：上水库及下水库启闭机房是电站主体工程重要组成部分，位于进出水口上方。一般与进出水口垂直布置呈条状，并平行于库岸公路，位于库岸公路离库侧。配电房一般与启闭机房一体化设置。启闭机房根据需要四周预留一定的平台空间，并在靠近水库一侧预留一定的停车空间。

4）泄放洞启闭机房：位于泄放洞闸门上方，与启闭机结合中心对称布置，在启闭机房周边设置一定平台空间，满足后期维护作业要求。

5）泄放洞锥阀室：与泄放洞锥阀结合设计，围绕锥阀中心对称布置。

6）排风竖井口建筑：位于排风竖井顶部，具有较强的功能要求。尺寸与竖井规模相当，整体布局以满足竖井功能为主，围绕竖井中心对称布置。

7）中水处理房：作为辅助性用房，在上水库和下水库靠近开关站或启闭机房或管理用房布置。

8）污水处理及消防泵房：作为辅助性用房，在上水库和下水库靠近开关站或启闭机房或管理用房布置。

5.3.2 集中式建筑布局设计

集中式建筑布局空间设计主要针对业主营地、开关站、仓储区、35kV 施工变（若有）等区域建筑设计。其中以业主营地建筑布局设计最为复杂，不仅考虑场地地形地貌，还需考虑人的行为活动特性等（图 5.3–1、图 5.3–2）。开关站、仓储区、35kV 施工变（若有）等区域以满足生产要求为主，布置根据内部的建筑实际功能进行合理布置，对于人的空间使用要求较低。

5.3.2.1 业主营地建筑布局设计

（1）优良建筑朝向

业主营地建筑主要为办公楼、宿舍楼、食堂、活动中心等，以人的使用功能为主。因此营地中的建筑布置宜向阳布置为主。部分建筑受到场地限制，可根据实际情况调整，一般为活动中心、食堂等。

图 5.3–1　安徽绩溪抽水蓄能电站业主营地建筑布置图

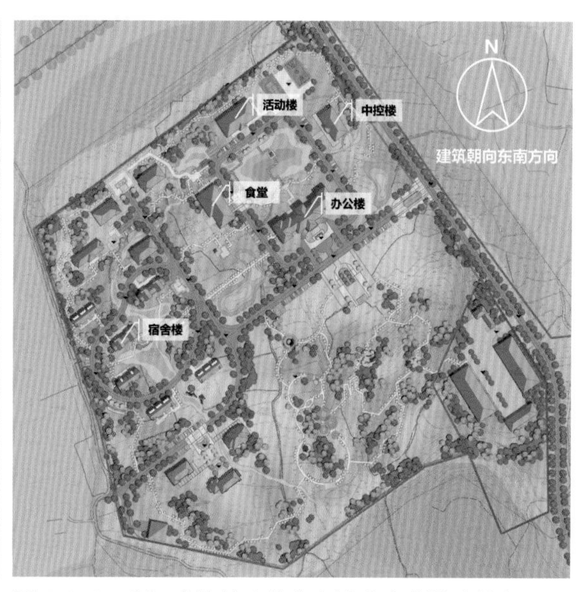

图 5.3–2　浙江宁海抽水蓄能电站业主营地建筑布置图

（2）考虑因地制宜

根据场地的地形地貌进行建筑布局设计，减少场地开挖。如场地坡度较大，建筑布局应根据地形设置若干台地，形成阶梯式的空间布局。减少场地开挖，保护场地原有生态的同时，形成落差，增加前后建筑的视线观赏空间。

（3）强调功能组团

业主营地建筑种类和数量较多，有办公型建筑、生活型建筑、生产型建筑等。业主营地的建筑布局划分一般为办公区、生活区、生产区等（图 5.3–3、图 5.3–4）。

其中办公区主要以办公楼为主，包括业主办公、监理办公和设计办公建筑等，待后续运行期主要为电站管理者办公；生活区一般由宿舍区、活动服务区等组成。宿舍区主要为员工宿舍、招待所、设代监理宿舍以

图 5.3-3 浙江长龙山抽水蓄能电站业主营地建筑布置图

图 5.3-4 浙江磐安抽水蓄能电站业主营地建筑功能布局图

及试验楼（运行期一般作为后勤和运维人员宿舍）；活动服务区主要有食堂、活动中心建筑；生产区一般为办公楼、中控楼（若布置在营地）建筑，根据实际情况中控楼建筑亦可纳入办公区。

（4）追求形式多变

业主营地建筑根据建筑功能进行分区布置，为创造更加丰富的建筑室外空间形态，应根据场地实际情况选择围合院落式布置、行列式布置等布局样式。通过建筑布局形成多种室外空间形态，为后续的景观绿化环境设计提供基础。

围合院落式布置：以办公楼与宿舍、宿舍与生活服务建筑等相互构筑的独立院落式小型建筑组群，院落与院落的组合可以组成中型的或大型的建筑组群（图 5.3–5）。将庭院作为单体建筑的联结组带，使得同一庭院内的各栋单体建筑在交通联系上、使用功能上联结成一体，更为便捷高效。空间分隔恰当的院落式布局可取得良好的遮阳、纳凉、通风、采光效果，且可形成安静的内部环境。复合型的院落式布局，内部空间灵活自由，内外空间过渡自然。该布置形式常用于场地空间宽敞区域。

图 5.3-5 山东泰安二期抽水蓄能电站业主营地建筑布置图

行列式布置：主要指办公楼、食堂、宿舍以及活动中心、中控楼等基本上顺着场地地形，按一定朝向和合理间距成排布置，空间结构较为单一，但每栋建筑的日照和通风条件较好，且便于

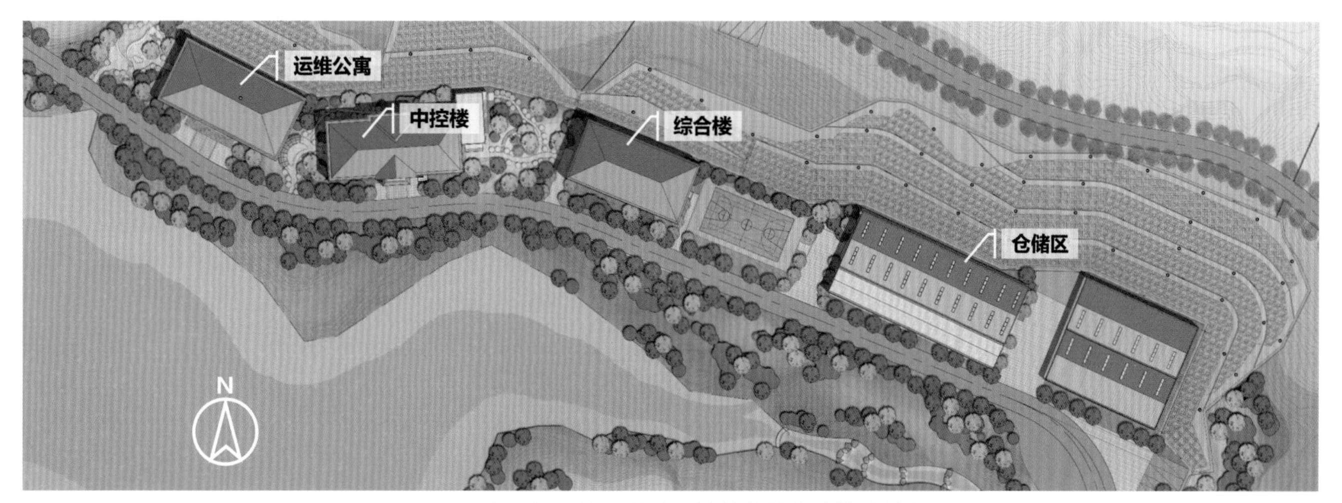

图 5.3-6 浙江缙云抽水蓄能电站前方业主营地建筑布置图

道路施工（图 5.3-6）。该布置形式常用于前方营地等水库周边用地条件受限的区域。

两种形式可以进行混合使用，以创造更丰富的空间体验。

5.3.2.2 开关站建筑布局空间设计

开关站主要有 GIS 楼、继保楼、出线洞排风塔、开关站柴油发电机房、水泵房以及门卫房等。一般采用行列式分布，其中出线洞排风塔位于出线洞上方与出线洞洞口结合。GIS 楼、继保楼采用平行布置，与出线洞垂直，并靠近出线洞口。柴油发电机房和水泵房位于 GIS 楼和继保楼侧方，根据场地实际布置。整个场地通过围墙封闭管理，并设置门卫房，一般整体布局为长方形空间。整个开关站建筑布局空间强调建筑的生产功能为主。

5.3.2.3 仓储区建筑布局空间设计

仓储区建筑主要有棚库、封闭仓库、恒温恒湿库以及门卫房，并包含一个室外设备堆场。建筑布局一般呈“I”或“I I”或“L”形，三组建筑围绕设备堆场进行布置，并设置一定的停车空间。仓储区采用围墙进行封闭式管理，门卫设置于入口处。

5.3.2.4 35kV 施工变建筑布局空间设计

35kV 施工变主要包括变配电房，采用集中式布置。

5.4 建筑风格

建筑风格是建筑环境设计的重要组成部分，一般由建筑布局、建筑外观形态、建筑色彩等组成。建筑风格在一定程度上反映整个区域的景观环境风貌。在整个人类发展史上形成了众多的建筑风格，每一种建筑风格形成都是与其所处的地形地貌、气候环境以及社会人文环境综合体现。本书主要针对我国境内的抽水蓄能电站，因此建筑风格主要以国内建筑风格为主。

在时间维度上中国古代建筑风格可以分为秦汉风格、隋唐风格、明清风格、民国风格等 4 种典型的时代风格。其中秦汉、隋唐、明清 3 个时期相距时间基本相等，它们是国家大统一、民族大融合的 3 个时代，也是封建社会前、中、后 3 期的代表王朝；在空间维度上由于中国地域辽阔，自然条件差异性、社会和人文环境的多元化，形成从南到北，从东到西的多种建筑风格，大体上可以划分为北方风格、西北风格、江南风格、岭南风格、西南风格、藏族风格、蒙古族风格、维吾尔族风格。

当代新中式建筑风格在抽水蓄能电站建筑风格设计中得到大量体现。新中式建筑是将中国传统建筑元素通过现代建筑手法进行重新诠释，产生的一种建筑形式。它是对传统建筑的传承与发展，既保持传统建筑的精髓，又融合了现代建筑元素与现代设计手法，改变了传统建筑的功能使用，给予重新定位，使传统建筑适应新时代的建筑需求。新中式建筑的优势在于根据各地特色吸收了当地的建筑色彩及建筑风格，并自成特色，增强了建筑的识别性和个性。新中式建筑与传统建筑的风格相比，更为灵活自由，时尚感更强，是目前在各大电站设计中应用较为广泛的建筑风格。

5.4.1 地域特色较明显的新中式风格

（1）新中式“徽派”——安徽绩溪抽水蓄能电站

安徽绩溪抽水蓄能电站位于安徽省绩溪县，当地建筑风格特色明显，粉墙黛瓦、坡屋顶、马头墙、镂空窗等体现皖南建筑的明显特征，是江南建筑风格的一个分支。电站建筑风格以当地“徽派”建筑风格为基础，融合山水，通过现代设计手法适当简化，设置坡屋顶、简化的马头墙和镂空窗，采用灰白黑色调，并采取现代钢、玻璃、琉璃瓦等使用，体现现代感（图 5.4–1）。整体展现具有浓郁地域风格的新中式建筑风格。

图 5.4-1 安徽绩溪抽水蓄能电站主要建筑风格图

（2）新中式“民国风”——江苏句容抽水蓄能电站

江苏句容抽水蓄能电站位于江苏省镇江市句容县，句容县距离南京较近。电站建筑风格以传统民国建筑风格为基础表现，运用坡屋顶、青砖饰面、关键部位的线条装饰，并通过现代材料的运用，体现浓郁民国风的新中式建筑风格（图 5.4–2）。

（3）新中式“闽南风”——福建厦门抽水蓄能电站

福建厦门抽水蓄能电站位于福建省厦门市同安区，电站建筑风格以传统闽南建筑风格为基础，通过现代的设计手法，设计传统红色坡屋顶，并运用现代材料进行表现，体现浓郁闽南风的新中式建筑风格（图 5.4–3）。

图 5.4-2 江苏句容抽水蓄能电站主要建筑风格图

图 5.4-3 福建厦门抽水蓄能电站主要建筑风格图

5.4.2 地域特色不明显的新中式风格

采用地域特色不明显的新中式风格电站主要位于地域传统建筑风格不明显区域，在设计时主要保留中式建筑的典型坡屋顶形式。

（1）新中式——浙江宁海抽水蓄能电站

浙江宁海抽水蓄能电站位于浙江省宁波市宁海县，建筑风格采用新中式建筑风格，设计坡屋顶，檐口，建筑采用对称的形体设计，色彩灰白色系（图 5.4–4）。整体稳重、大气，展现现代中式建筑风格，体现电站建筑的现代工业属性。

图 5.4-4 浙江宁海抽水蓄能电站主要建筑风格图

（2）新中式——浙江仙居抽水蓄能电站

浙江仙居抽水蓄能电站位于浙江省台州市仙居县，建筑风格采用新中式建筑风格，设计坡屋顶、宽檐口，建筑采用对称的形体设计，建筑层高采用 1~3 层，建筑色彩米黄，整个建筑体现现代、温馨的氛围（图 5.4–5）。

图 5.4-5　浙江仙居抽水蓄能电站主要建筑风格图

5.4.3　地域传统建筑风格

采用地域传统建筑风格的电站主要位于自然风景名胜区，建筑风格受到严格的控制。如位于北京十三陵景区的北京十三陵抽水蓄能电站、位于泰山风景区的山东泰安抽水蓄能电站（图 5.4–6）等。根据风景区的建筑风貌控制，电站内的主要建筑风格采取传统清代建筑风格。

图 5.4-6　泰安抽水蓄能电站部分建筑风格图

6 注重"以人为本，特色彰显"的景观设计

景观设计以抽水蓄能电站的功能布置为基础，针对电站中视觉景观突出、局部使用频率较高的区位，通过微地形塑造、景观空间划分、绿化景观营造等景观设计手法进行提升，使抽水蓄能电站整体呈现从面到点良好的景观风貌。

6.1 景观功能结构及类型

6.1.1 景观功能结构

抽水蓄能电站主要由上水库、下水库、地下厂房、场内道路及业主营地等功能区组成。上水库主要包括上水库大坝、上水库进出水口（启闭机房）、上水库管理房、库岸空间等，下水库主要包括下水库大坝、下水库进出水口（启闭机房）、下水库管理房、库岸空间、开关站、进厂交通洞洞口等。业主营地一般位于下水库或距离下水库较近区域，作为电站工作人员办公生活的场地。根据抽水蓄能电站的主体工程结构分布，其景观结构一般呈"一带、一心、两区、多点"进行分布（图6.1–1）。"一带"为上下水库的连接道路，"一心"为业主营地核心景观，"两区"为上水库景观区和下水库景观区，"多点"为分布在库区各个部分的景观节点。

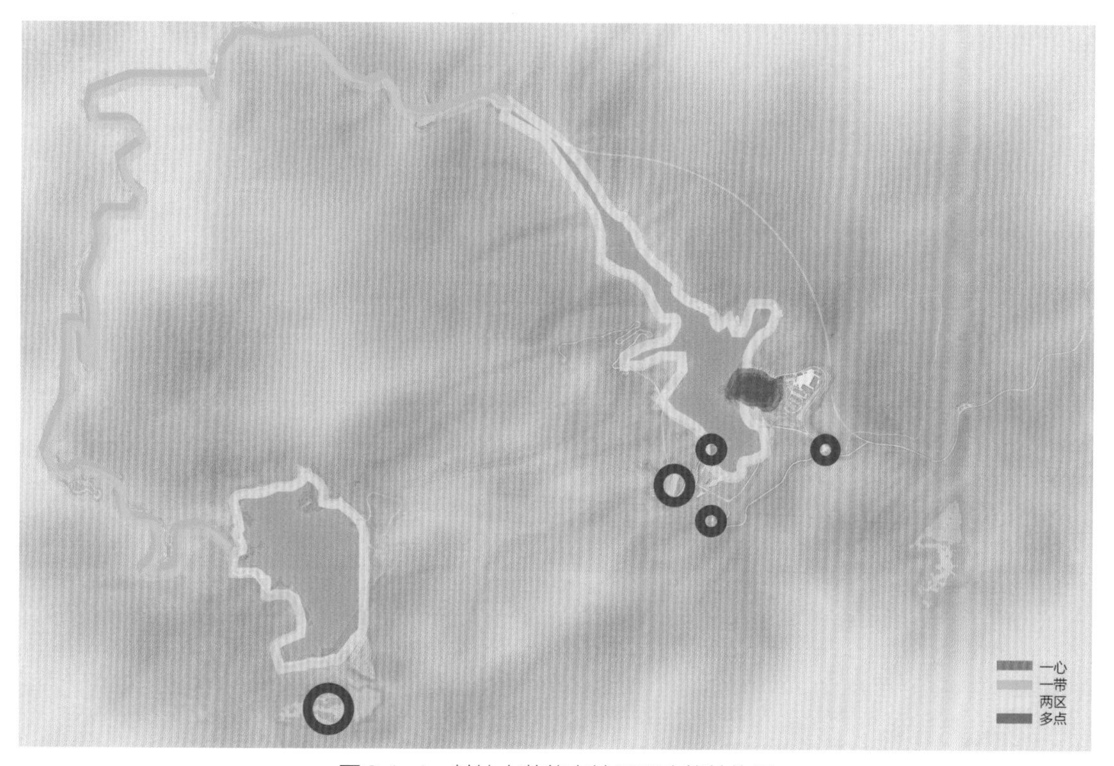

图6.1–1 某抽水蓄能电站景观功能结构图

6.1.2 景观类型

通过景观空间的构成形式及功能需求的差异，可将抽水蓄能电站的景观类型进行如下划分。

（1）根据景观空间功能性划分

抽水蓄能电站作为能源类工程，其庞大的工业建筑体量具备工业景观的特质，并同时兼具科教功能，如电站大坝、进出水口等可构成工业景观，而在相关枢纽部位打造观光平台则可植入科教功能形成科教景观；业主营地、管理用房等为抽水蓄能电站的组成部分之一，承担了管理电站的功能，是电站工作人员生活办公的场地，其周边则构成生活办公类景观；电站在施工过程中形成的大面积开挖边坡、渣场料场等临建场地均需要进行生态修复以促进电站周边生态环境的恢复；电站作为工业产物，具有工业属性，同时作为一家企业在建筑风貌、景观风貌、各类标识标牌以及室内装饰形象等需要体现一定的地域和企业文化印记。根据以上功能需求，将抽水蓄能电站景观分为生活办公类景观、工业景观、科教类景观、生态修复类景观、视觉形象景观等。具体分类见表 6.1–1。

表 6.1–1　抽水蓄能电站景观分类表（一）

名称	具体分类
生活办公类景观	业主营地景观、管理用房景观等
工业景观	大坝景观、开关站景观、进出水口景观、进厂交通洞景观等
科教类景观	路侧观景台、坝肩观景台等
生态修复类景观	临建场地覆绿、边坡修复等
视觉形象景观	入口标识、建筑风格形象、室内装饰形象、各类标识标牌等

（2）根据使用感受划分

根据景观空间的围合感及人在其中的活动感受，一般可将景观空间分为公共性空间、半公共性空间、半私密性空间、私密性空间（表 6.1–2）。公共性空间一般景观尺度较大，空间边界的隔离感弱，整体感受空旷，开敞感较强；半公共性空间边界有一定的领域感；半私密性空间相较半公共空间其领域感进一步加强；私密性空间围合感最强，此类空间具有强烈的归属感。基于抽水蓄能电站的景观空间特征，较多的为公共性空间、半公共性空间及半私密空间，极少有私密性空间。如枢纽部位的景观一般尺度较大，打造开放性空间或半开放性空间可与电站的大体量保持默契；业主营地、管理用房等处景观多以半开放性空间和半私密性空间为主，以满足使用人群的功能需求。总体而言，抽蓄景观空间的营造也是多种空间组合而成，具有复合性。

表 6.1–2　抽水蓄能电站景观分类表（二）

空间分类	具体区位
公共性空间	大坝景观、业主营地景观
半公共性空间	开关站景观、进出水口景观、进厂交通洞景观、道路景观、业主营地景观、管理用房景观
半私密性空间	业主营地景观、管理用房景观
私密性空间	

6.2　景观设计策略

6.2.1　遵循自然规律营造和谐景观环境

电站景观设计以电站生态保护和修复为基础。电站设计引入景观敏感度因子来判别场地对于自然环境的视觉影响程度，从人的感官视觉上进行分析。通过对电站工程范围内的各类场地进行景观敏感度影响分析，根据景观敏感度影响大小，提出各个场地景观空间设计方向、景观建设强度等。通过对场地进行景观化处理，使得场地与周边自然环境和谐共融。同时各类场地在景观设计中，在材质色彩选择、景观材料运用、景观空间尺度塑造上均以与周边自然环境协调为前提，塑造自然山水间的和谐景观空间环境。

6.2.2 基于人的需求营造多样景观空间

电站建设周期往往较长，在整个建设过程中，进入电站现场的人员较多。电站建设期主要为常驻现场的管理人员、电站工程建设人员以及现场监理、设计人员等，电站运行期主要为电站的管理者。期间还会有进入电站的各类参观人员。景观设计根据各类人群使用需求对电站内的场地进行多样化的景观空间设计。在业主营地区域，为了满足电站建设期以及电站运行期间人员办公、生活、活动、交流、运动、学习等需要，设计了集散广场、游憩庭院、健身运动场地、学习型空间等。在电站的上下水库以及连接道路区域设计多种游憩观光型景观空间，以满足电站工作人员和外来参观人员的游憩、观光需求，并在进厂交通洞洞口、上下水库观景广场以及业主营地区域选取一定的场地设置电站宣传空间。

6.2.3 融入地域和企业文化构建特色彰显的电站视觉形象

基于电站良好的自然环境基底和美丽的景观空间，进一步突显电站的地域文化、企业文化等电站工程特色亮点，对电站进行视觉形象设计。视觉形象设计主要以电站地域文化、安全文化、企业文化、设计美学、色彩心理学等为基础，对电站工程内的业主营地、上水库管理用房、下水库管理用房、上水库大坝、下水库大坝、场内道路、开关站、厂区门卫、进厂交通洞和其他洞口等室内和室外视觉区域进行视觉形象设计。从视觉色彩、视觉形态两方面出发，做到电站工程范围内的各类建筑外观风貌、内部装饰、设备设施涂装以及标识标牌、景观构筑物形态和色彩、植物类别和布置方式、电站各类主体工程色彩和外观形态等方面的视觉形象的统一，并能够清晰地突显电站企业品牌元素，彰显抽水蓄能电站整体的视觉形象，对外打造成具有工业科技特色的文化展示窗口，对内提高电站员工的凝聚力，增强电站企业的向心力，打造成为行业内的宣传窗口。

6.3 景观敏感度影响

景观敏感度即指景观被注意到的程度，是景观醒目程度的综合反映。景观敏感度较高的区域部位，即使受到轻微干扰，也会对景观造成较大冲击，因而应作为重点保护对象。为了解抽水蓄能电站工程建设对上述区块景观可能带来的影响，拟对其进行景观敏感度分析（表 6.3-1~ 表 6.3-9）。预测景观敏感度的指标主要有相对坡度、相对距离和醒目程度等。观景点从工程所建道路及现有道路上撷取。景观敏感度对前期主体工程的干扰程度及后期的景观空间营造具有指导作用。

（1）相对坡度景观敏感度（S_a）

景观表面相对于观景者视线的坡度（$0° \leq \alpha \leq 90°$）越大，景观被看到的部分和被注意到的可能性也越大；或者说，要想遮挡景观（如通过绿化或其他掩饰途径）就越不容易。同理，在这样的区域内人为活动给原景观带来的冲击也就越大。因此，采用景观表面沿视线方向的投影面积来衡量景观的敏感度。设景观表面积为 1，则投影面积（即景观敏感度）：

$$S_{\alpha}=\sin\alpha\ (0° \leqslant \alpha \leqslant 90°)$$

S_{α} 的最大值为 1，当投影面积越大，即 S_{α} 越大时，景观敏感度越大。在一般的仰视和平视情况下，α 角实际上就是地形的坡度，则景观敏感度为

$$S_{\alpha}=\sin\left(\tan^{-1}H/W\right)$$

式中：H 为等高距，m；W 为等高线间距，m。

表 6.3-1　相对坡度景观敏感度（S_{α}）值

序号	工程占地区块	H/m	W/m	S_{α}
1	上水库大坝			
2	下水库大坝			
3	开关站			
4	业主营地			
5	下水库施工场地、临时生活区			
6	上水库施工场地、临时生活区			
7	上水库石料场			
8	下水库石料场			
9	上水库弃渣场			
10	下水库弃渣场			
11	新建交通道路			
12	其他工程占地			

本表为设计表格，具体数字根据每个电站具体情况进行填充，其余表格类同。

（2）相对距离景观敏感度（S_d）

景观与观景者的距离越近，景观的易见性和清晰度就越高，人为活动带来的视觉冲击也越大。

假设能较清楚地观察某种景观元素、质量或成分的最大距离为 D，景观相对于观景者的实际距离 $d \leqslant D$ 时，该景观元素、质量或成分都能清楚地分辨，则这一范围内的景观敏感度（S_d）为 1；当 $d>D$ 时，S_d 值在 0 ~ 1 范围内，可表示为

$$S_d=\begin{cases}1, & d \leqslant D \\ D/d, & d>D\end{cases}$$

表 6.3-2　景观相对距离敏感度（S_d）值

序号	工程占地区块	D	d	S_d
1	上水库大坝			
2	下水库大坝			
3	开关站			
4	业主营地			

续表

序号	工程占地区块	D	d	S_d
5	下水库施工场地、临时生活区			
6	上水库施工场地、临时生活区			
7	上水库石料场			
8	下水库石料场			
9	上水库弃渣场			
10	下水库弃渣场			
11	新建交通道路			
12	其他工程占地			

（3）景观醒目程度（S_c）

影响景观敏感度的另一类很重要的因素是景观醒目程度，这主要由景观与环境的对比度决定，包括形体、线条、色彩、质地及动静的对比。景观与环境的对比度越高，则景观越敏感。由于景观的醒目程度（S_c）难以定量，评价根据现场查勘，确定各工程设施与所涉景观现状的对比度，从而进行醒目程度的估值。醒目程度估值范围为 0~1。

表 6.3-3　景观醒目程度（S_c）值

序号	工程占地区块	S_c
1	上水库大坝	
2	下水库大坝	
3	开关站	
4	业主营地	
5	下水库施工场地、临时生活区	
6	上水库施工场地、临时生活区	
7	上水库石料场	
8	下水库石料场	
9	上水库弃渣场	
10	下水库弃渣场	
11	新建交通道路	
12	其他工程占地	

（4）景观敏感度综合评价

根据以上分析，各区块不同景观敏感度综合值见表 6.3–4。

表 6.3–4　各区块的不同景观敏感度分量级别

序号	工程占地区块	S_a	S_d	S_c	合计
1	上水库大坝				

续表

序号	工程占地区块	S_a	S_d	S_c	合计
2	下水库大坝				
3	开关站				
4	业主营地				
5	下水库施工场地、临时生活区				
6	上水库施工场地、临时生活区				
7	上水库石料场				
8	下水库石料场				
9	上水库弃渣场				
10	下水库弃渣场				
11	新建交通道路				
12	其他工程占地				

根据以上预测结果，我们在进行景观设计时需对景观敏感区块进行重点关注，通过合理布局与周围环境有机融合，从而消除或减缓不利景观对周围环境的影响，并在设计过程中体现本地特色。

长龙山抽水蓄能电站景观规划在生态景观敏感度分析上做了较多的工作，也取得了预期的数据判断。表 6.3–5 为长龙山抽水蓄能电站景观规划中对景观敏感度分析取得的数值成果。

表 6.3–5　景观相对坡度敏感度（S_a）值

序号	工程设施	W/m	H/m	S_a
1	油料库	834	81	0.0967
2	业主营地	303	3	0.0099
3	钢管加工厂	343	1	0.0029
4	下水库混凝土系统	351	7	0.0199
5	1 号工厂仓库区	229	14	0.0610
6	交通洞口	269	56	0.2038
7	排风竖井洞口	577	108	0.1840
8	通风洞口	346	36	0.1035
9	下水库大坝	360	27	0.0748
10	地面开关站	63	23	0.3429
11	公路隧洞进口	316	12	0.0379
12	中转料场	137	35	0.2475
13	1 号、2 号生活区	259	12	0.0463
14	上下水库连接公路	420	149	0.3343
15	9 号公路渣场	87	59	0.5613
16	8 号公路渣场	152	24	0.1560
17	爆破材料库	100	47	0.4254

续表

序号	工程设施	W/m	H/m	S_α
18	坝后弃渣场	97	33	0.3221
19	1号公路渣场	41	26	0.5355
20	上水库运行管理区	56	32	0.4961

由上表可以看出，由于9号公路渣场、1号公路渣场、爆破材料库、上水库运行管理区、地面开关站、上下水库连接公路和上水库坝后弃渣场相对坡度均较高，其S_α值均较大，分别为0.5613、0.5355、0.4254、0.4961、0.3429、0.3343和0.3221；其次为中转料场、交通洞口、排风竖井洞口、通风洞口、8号公路渣场等分别为0.2475、0.2038、0.1840、0.1035、0.1560；1号工厂仓库、油料库、下水库大坝和1号、2号生活区和交通隧洞进口、下水库混凝土系统最低的S_α相对较小，为0.0610、0.0967、0.0748、0.0463 、0.0379和0.0199；二期业主营地、钢管加工厂，分别为0.0099、0.0029。

油料库、二期业主营地、钢管加工厂、下水库混凝土系统、1号工厂仓库区、交通洞口、排风竖井洞口、通风洞口、地面开关站、公路隧洞进口、上下水库连接公路、8号公路渣场、爆破材料库、坝后弃渣场和上水库运行管理区在视线方向上的投影面积较大，$d<D$。因此，以上区块的相对距离敏感度值S_d为1（表6.3–6），均较为敏感。

尽管下水库大坝、中转料场、1号、2号生活区、9号公路渣场、1号公路渣场位于各观景点视平线以下，但由于距离观景线路上的观景点较近，比可视最大距离D值小，因此其S_d值也为1。

表6.3–6　景观相对距离敏感度（S_d）值

序号	工程设施	S_d
1	油料库	1
2	二期业主营地	1
3	钢管加工厂	1
4	下水库混凝土系统	1
5	1号工厂仓库区	1
6	交通洞口	1
7	排风竖井洞口	1
8	通风洞口	1
9	下水库大坝	1
10	地面开关站	1
11	公路隧洞进口	1
12	中转料场	1
13	1号、2号生活区	1
14	上下水库连接公路	1
15	9号公路渣场	1
16	8号公路渣场	1
17	爆破材料库	1

续表

序号	工程设施	S_d
18	坝后弃渣场	1
19	1 号公路渣场	1
20	上水库运行管理区	1

未采取景观保护措施的工程设施，与工程所在区域自然景观对比明显。S_c 均以 1 计，而业主营地、钢管加工厂以及 1 号、2 号生活区距离村镇较近，与周边环境对比度相对较低，分别为 0.5、0.5 和 0.75，各区块景观醒目程度值 S_c 见表 6.3–7。

表 6.3–7　景观醒目程度（S_c）值

序号	工程设施	S_c
1	油料库	1
2	二期业主营地	0.5
3	钢管加工厂	0.5
4	下水库混凝土系统	1
5	1 号工厂仓库区	1
6	交通洞口	1
7	排风竖井洞口	1
8	通风洞口	1
9	下水库大坝	1
10	地面开关站	1
11	公路隧洞进口	1
12	中转料场	1
13	1 号、2 号生活区	0.75
14	上下水库连接公路	1
15	9 号公路渣场	1
16	8 号公路渣场	1
17	爆破材料库	1
18	坝后弃渣场	1
19	1 号公路渣场	1
20	上水库运行管理区	1

为比较各景观的综合景观敏感程度，假定钢管加工厂的各景观分量值均为 1，分别计算其他景观区块的各敏感度分量的当量值（表 6.3–8）。

表 6.3-8 各景观的不同景观敏感度分量级别

序号	工程设施	S_a	S_d	S_c
1	油料库	0.0967	1	1
2	业主营地	0.0099	1	0.5
3	钢管加工厂	0.0029	1	0.5
4	下水库混凝土系统	0.0199	1	1
5	1 号工厂仓库区	0.061	1	1
6	交通洞口	0.2038	1	1
7	排风竖井洞口	0.184	1	1
8	通风洞口	0.1035	1	1
9	下水库大坝	0.0748	1	1
10	地面开关站	0.3429	1	1
11	公路隧洞进口	0.0379	1	1
12	中转料场	0.2475	1	1
13	1 号、2 号生活区	0.0463	1	0.75
14	上下水库连接公路	0.3343	1	1
15	9 号公路渣场	0.5613	1	1
16	8 号公路渣场	0.156	1	1
17	爆破材料库	0.4254	1	1
18	坝后弃渣场	0.3221	1	1
19	1 号公路渣场	0.5355	1	1
20	上水库运行管理区	0.4961	1	1

地面开关站、上下水库连接公路、9 号公路渣场、爆破材料库、坝后弃渣场、1 号公路渣场和上水库运行管理区的敏感度最高；其次为油料库、下水库混凝土系统、1 号工厂仓库区、交通洞口、排风竖井洞口、通风洞口、下水库大坝、公路隧洞进口、中转料场、1 号、2 号生活区和 8 号公路渣场其敏感度较高；二期业主营地和钢管加工厂敏感度最低。

根据预测结果，在进行景观设计时需对地面开关站、上下水库连接公路、9 号公路渣场、爆破材料库、坝后弃渣场、1 号公路渣场和上水库运行管理区等景观敏感度高的区域进行重点关注，通过景观设计进行合理布局，与周围环境有机融合，从而消除或减缓工程建设对该区域景观的不利影响，并在设计过程中体现当地景观特色。

表 6.3-9 各景观的不同景观敏感度分量级别

序号	工程设施	S_a	S_d	S_c	小计
1	油料库	33.345	1.000	2.000	36.345
2	业主营地	3.414	1.000	1.000	5.414
3	钢管加工厂	1.000	1.000	1.000	3.000
4	下水库混凝土系统	6.862	1.000	2.000	9.862

续表

序号	工程设施	S_a	S_d	S_c	小计
5	1号工厂仓库区	21.034	1.000	2.000	24.034
6	交通洞口	70.276	1.000	2.000	73.276
7	排风竖井洞口	63.448	1.000	2.000	66.448
8	通风洞口	35.690	1.000	2.000	38.690
9	下水库大坝	25.793	1.000	2.000	28.793
10	地面开关站	118.241	1.000	2.000	121.241
11	公路隧洞进口	13.069	1.000	2.000	16.069
12	中转料场	85.445	1.000	2.000	88.345
13	1号、2号生活区	15.966	1.000	1.500	18.466
14	上下水库连接公路	115.376	1.000	2.000	118.276
15	9号公路渣场	193.552	1.000	2.000	196.552
16	8号公路渣场	53.793	1.000	2.000	56.793
17	爆破材料库	146.690	1.000	2.000	149.690
18	坝后弃渣场	111.069	1.000	2.000	114.069
19	1号公路渣场	184.655	1.000	2.000	187.655
20	上水库运行管理区	171.069	1.000	2.000	174.069

6.4 景观空间设计

抽水蓄能电站的景观空间设计以电站主体枢纽构成为基础，具体分为业主营地、工程大坝、进出水口、开关站、洞口等景观。根据每个区块的使用者需求进行相对应的景观空间设计，使抽水蓄能电站景观成为有温度有内涵的景观。同时根据电站的景观敏感度分析，保证景观敏感度较高的区域能够更好地与周边环境相融合。

6.4.1 业主营地景观

6.4.1.1 使用者需求及空间类型

从使用者需求及空间类型需求出发，业主营地景观设计重点把握以下几点：

1）电站工作人员对自然、和谐、美观、舒适的居住办公环境的需求较大。

2）业主营地的选址距离集镇尚有距离，周边缺少可休闲运动的场地，工作人员日常对于休闲运动的需求较大。

3）业主营地周边公共交通相对较为缺乏，驱车来回为常见的通勤模式，另针对居住在附近的工作人员，电瓶车来回为常见的通勤模式，故而公共停车位与电瓶车停车位的设置极为重要。

4）针对业主营地所具有的办公及生活的功能，业主营地需要具备的景观空间类型为半公共性空间和半私密性空间。半公共性空间开放性较强，人群出入较为自由；半私密性空间尺度较小，围合感较强。

5）一般情况下业主营地整体景观敏感度较小，因此业主营地内部可打造偏人工化的景观，如设置标志性景观、休憩设施等，以更好地服务使用人群。

6.4.1.2 具体设计

通过对使用者需求及空间类型的剖析，使业主营地景观空间营造具有针对性，景观设计的可接纳性更强。根据业主营地的具体功能分区进行各种需求的落实及空间类型的打造。

（1）业主营地入口区景观

业主营地入口区一般由门卫用房、大门、企业铭牌、围墙及周边的植物景观构成，整体围合感较弱，属于半公共性空间。业主营地入口区使办公区形成封闭式管理，保证营地的出入安全，并兼备美观性。

企业铭牌高度与长度比可参照黄金比例法则，高度高于伸缩门（伸缩门采用 1.4/1.6m 高），可按 1.8~2m，长度可根据企业名称进行适度调整。字体采用黑体，字体高度 25cm，颜色采用电站所属企业的企业色。

根据铭牌放置的不同位置及铭牌的不同表现形式，可将入口形式分为以下几种：

1）企业铭牌单侧放置：将企业铭牌放置在门卫房对面，铭牌与门卫中间留出车行道及人行通道。车行通道一般设置为 7m，为进出的车辆提供足够空间；人行通道一般设置为 1.5m，安装人行小门。企业铭牌、围墙及入口门柱与门卫的外观相一致，周边植物选用树形高大、姿态优美大乔木，在入口处形成迎宾的态势（图 6.4–1）。

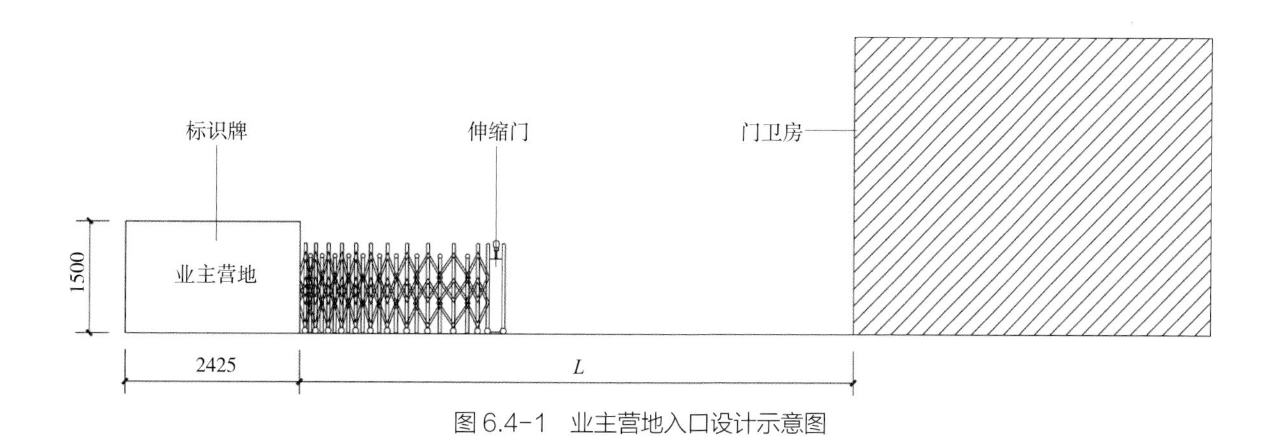

图 6.4-1 业主营地入口设计示意图

2）企业铭牌中央放置：将企业铭牌放置在门卫和围墙中央，两侧均留出 6m 宽的车行道，靠门卫侧留出 1.5m 的人行道。企业铭牌、围墙及入口门柱与门卫的外观相一致，周边植物选用树形高大、姿态优美大乔木（图 6.4–2）。

（2）办公区景观

基于办公区集散、停车、升旗等需求，办公区景观由办公楼前广场、停车位、旗台、周边的植物景观组成。办公区前广场空间开阔、端庄大气，属于半公共性空间，符合办公区景观气质，也是整个办公区景观的中心。广场加入对称的树阵、植物小景、对称的水景等元素，呈现序列感与正式感，旗台设置于中轴线的尽头，成为景观轴线的高潮。办公楼周边尽量多地设置生态停车位，以解决停车需求。周边绿化风格简洁大气，多采用上层乔木和下层地被的种植方式，映衬办公区的简洁大气。局部也采用色叶开花植物及芳香型植物，营造舒适的办公环境（图 6.4–3）。前期业主营地二次场平通常会在办公区周边形成边坡，视边坡高低选择适

图 6.4-2　业主营地入口设计效果图

合的美化方案。若边坡高且陡一般采用 TBS 覆绿或植生袋覆绿；若边坡较低缓则可考虑景观微地形的塑造以柔化场平所带来的场地棱角感。

（3）宿舍区景观

基于宿舍区休闲健身、停车等需求，宿舍区一般配备尺度适宜的休憩空间、适量的停车位、较为精致的植物景观。休憩空间以廊架、植物等进行围合，打造半私密性空间，并设置健身设施，为工作人员室外休憩漫步提供场地。宅间设置生态停车位，缓解营地的停车需求。宅间植物采用精致组团式的种植方式，上中下层次分明，较多应用观花观叶植物及芳香型植物，上层搭配常绿及落叶大乔木，营造花园式居住区（图 6.4-4）。宿舍区周边若空间较大可考虑小型果园及菜园的营造，可为工作人员带来生活的乐趣。宿舍区同样存在前期场平所留下的边坡，1~2m 高的边坡通过塑造景观微地形强化宅间的联系，较为高陡的边坡则选取适当方法进行覆绿。

图 6.4-3　办公区景观效果图

图 6.4-4　宿舍区景观效果图

（4）休闲活动区景观

对空间较富余的业主营地可规划设置休闲活动区（图 6.4-5）。休闲活动区的设计因地制宜，根据人的亲水心理可设置开阔的水池景观，与营地周边的山地相得益彰，水池周边环绕健身步道，水池边设置栈道、亲

图 6.4-5　休闲活动区景观效果图

水平台、景观亭廊，滨水进行特色树种的片林栽植，在相应季节呈现特色植物景观。根据人的健身需求可设置室外篮球场或室外羽毛球场。休闲活动区作为功能纯粹的景观分区，景观空间大小相间、步移景异，增加了景观的趣味性及韵味。

（5）防撞护栏的设计

部分营地内部高差较大，需在内部车行道路外侧设置防撞护栏满足行车安全要求（图 6.4-6）。偏向工程化的波形护栏和混凝土防撞墩美观性不足，影响业主营地景观环境。防撞护栏设计需进行景观化处理，一般结合绿植设计，形成功能性与美观性兼备的防撞护栏。

图 6.4-6　业主营地景观化防撞护栏设计图

6.4.2　上下水库管理用房周边景观

6.4.2.1　使用者需求及空间类型

从使用者需求及空间类型需求出发，上下水库管理用房周边景观设计重点把握以下几点：

1）上下水库管理用房为电站的办公场地。主要使用人群为数量不多的值班人员。值班人员需要自然、和谐、美观、舒适的办公环境。

2）基于驱车来回的通勤模式，公共停车位的设置极为重要。

3）针对上下水库管理用房所具有的办公功能，管理用房区块需要具备的景观空间类型为半公共性空间和半私密性空间。半公共性空间开放性较强，人群出入较为自由；半私密性空间尺度较小，围合感较强。

4）上下水库管理用房的景观敏感度根据不同电站的选址而有所差异，若其景观敏感度较低，则可参照业主营地的景观打造手法；若其景观敏感度较高，则需要打造较为生态自然的景观环境，与周边环境相融合。

6.4.2.2 具体设计

1）面积较小的管理用房区块，景观打造空间较为局限，以管理用房建筑为主体，景观提升主要为周边的基础绿化，通过精致的绿化空间营造提升整体景观，采用开花植物、色叶植物等使管理用房区块四季有景，并可通过景石、亭廊等的点缀使空间更为生动。管理用房沿路侧布置适量生态停车位。

2）面积较大的管理用房周边景观，可适当弱化建筑对于视觉的冲击感，减小建筑的体量，以多栋建筑散布的形式散落于周边的环境中，建筑样式与周边的青山绿水相融合。如此的布置更具中国园林的韵味，使建筑也成为整体园林中的一景，布置形式更加自由，视觉效果更为精致。周边环境通过园路串联各个小空间，打造休憩场地。沿路侧布置适量生态停车位。

6.4.3 上下水库大坝景观

6.4.3.1 使用者需求及空间类型

从使用者需求及空间类型需求出发，上下水库大坝景观设计重点把握以下几点：

1）施工期之时对于大坝区域施工进程的观察了解，完工后可欣赏宏伟的大坝景观。

2）大坝位于青山绿水之间，游览者希望大坝在欣赏工业性质景观之余，同时也能较为生态，和周边环境能够较好地融合。

3）大坝区块整体空间较为开阔，位于山水之间，更需要开阔的公共性空间。

4）一般情况下大坝区块的景观敏感度较高，在整体景观提升之时需要考虑大坝表面的处理方式，尽可能采取生态覆绿的手法使大坝景观不显突兀。

6.4.3.2 具体设计

（1）大坝周围景观提升

工业化与生态化是符合大坝景观特质的景观风格。大坝景观可分解为坝顶、坝面、坝后压坡体等区块的景观，整体形成体量较大的开放型景观。

坝坡景观与坝型选择有着较大关系，传统的堆石坝由于没有条件进行坝面绿化显得较为生硬，因此在前期坝型设计时应考虑预留坝坡的绿化空间，框格梁坝坡即能满足后期的生态覆绿，在主体工程结束后采用植生袋覆绿技术使整个坝坡焕发生机，与周边的环境能够较好地融合。同时在坝坡的之字路侧预留宽约 50cm 的种植槽，亦能进行绿化种植。

坝后压坡体视周边环境进行规划设计，若该区块观景视线良好，考虑观景平台的设置，并附带生态停车位。若该区块无观景优势，则考虑生态覆绿，采用植物片植的形式。

坝顶景观由坝顶栏杆及坝顶道路绿化组成（图 6.4–7）。坝顶栏杆的设计应简约大气，与大坝的整体风格相协调，坝顶道路绿化与坝坡之字路相统一，路侧预留宽约 50cm 的种植槽，进行后期绿化种植。

（2）坝肩平台

依据游客对雄伟的大坝景观的渴望，前期在坝肩预留可近距离观赏大坝的平台（图 6.4–8）。站在平台上观景一览无遗，能够感受大坝所带来的震撼，亦可以感受周边自然山水的灵秀。根据以上景观需求，平台整体面积不宜过小，一般 500m^2 的室外空间是人感受较为舒适的空间。此处想要打造开放的公共性空间，平台面积可适当大于此值，且平台不宜种植过多绿化，以保证平台开阔的景观感受。

图 6.4-7　坝顶景观效果图

图 6.4-8　坝肩平台景观效果图

6.4.4　场内道路景观

6.4.4.1　使用者需求及空间类型

从使用者需求及空间类型需求出发，场内道路景观设计重点把握以下几点：

1）场内道路作为电站库区范围内的生态廊道，需要营造功能为基、生态自然、人文荟萃的景观氛围。

2）局部路段观景视线良好，游览者热衷于欣赏周边风光及电站工业景观。

3）水电站内部道路属于山路，大部分断面形式至少有一侧为开挖边坡，基于断面形式的局限，一般道路景观为半公共性景观。少数开敞处为公共性景观，因此这些点可选作道路侧的景观节点。

4）道路两侧大面积的开挖边坡及回填处高挡墙的景观敏感度均较高，应采取生态覆绿的景观打造手法。

6.4.4.2　具体设计

（1）电站入口

电站入口区是道路景观中一个重要的节点，要求美观大气，彰显抽水蓄能电站的气质。电站入口区一般由门卫用房、大门、企业铭牌、围墙及周边的植物景观构成，整体围合感较弱，属于半公共性空间（图 6.4–9）。

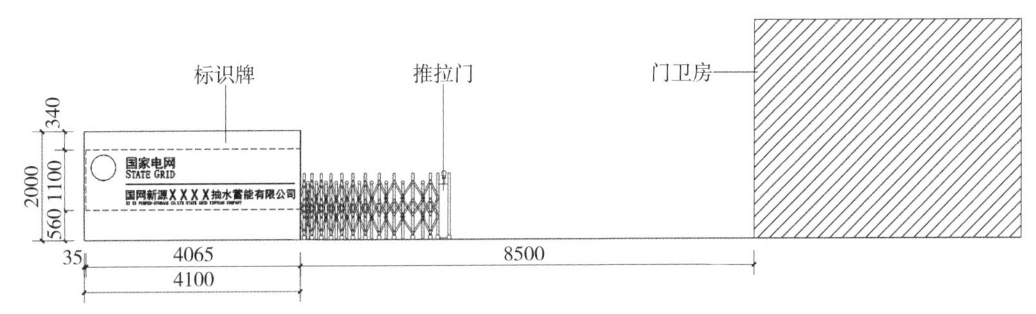

图 6.4-9　常规企业铭牌型入口立面图

电站入口区使电站形成封闭式管理，保证电站的出入安全。

电站入口根据企业铭牌不同的表现形式可分为以下两种：

1）常规企业铭牌型入口：常规企业铭牌高度与长度比可参照黄金比例法则，与业主营地入口铭牌相似，高度高于伸缩门（伸缩门采用 1.4/1.6m 高），可按 1.8~2m，长度可根据企业名称进行适度调整。字体采用黑体，字体高度 25cm，颜色采用电站所属企业的企业色。将企业铭牌与门卫房分别放置于道路的两侧；门卫房边上设置人行通道，人行通道一般设置为 1.5m，安装人行小门。企业铭牌、围墙及入口门柱与门卫的外观相一致，周边植物选用树形高大、姿态优美的大乔木，在入口处形成迎宾的态势。

2）特色企业铭牌型入口：根据抽水蓄能电站的地域特色、企业特色等将企业铭牌和门卫用房进行一体化设计，两者互相呼应，使入口造型具有流线感、科技感，相较于常规的企业铭牌及门卫房更美观且有特色（图 6.4-10）。门卫房及企业铭牌的材质和色调与电站内部的建筑基调相一致，周边植物选用树形高大、姿态优美的大乔木，在入口处形成迎宾的态势。

图 6.4-10　特色企业铭牌型入口效果图

3）自然式企业铭牌：采用形态优美的景石来雕刻企业名称，代替企业铭牌的作用，其放置位置相对较为自由，可放置在企业铭牌所在位置，也可根据需要放置在迎宾侧，与周边组团式植物进行搭配，较为自然写意。

（2）带状道路生态修复

抽水蓄能电站内部道路的景观元素多样，由山体、岩石、植物等组成。植物造景注重点、线、面结合，创造多种景观层次、多样的空间感及丰富的景观体验。

道路景观首先需要满足功能需求，构建安全的行车环境。项目建设时大量地开挖形成了边坡的裸露，局部边坡高且陡，并且存在不同程度的风化，因此需要对边坡采取加固措施并兼顾美观性，在坡脚处设置碎落台。在保证安全的基础上进行绿化修复，构建美观安全的行车环境。为了应对修建道路而造成的生态破坏，设计之时需要选择适应性强、生长迅速的植物，能够快速与周边的山水大环境相融合。在简单绿化修复的基础上考虑意境的结合，利用自然的山石进行优化提升，可有效提升道路景观的文化内涵。

电站道路多属于山地型道路，路侧绿化种植条件多样，且多有边坡开挖的情况。生态修复之时，根据不同的道路断面形式考虑覆绿手法（图 6.4–11）。在路侧绿化宽度大于 1.5m 的区域可种植香樟、无患子等乔木

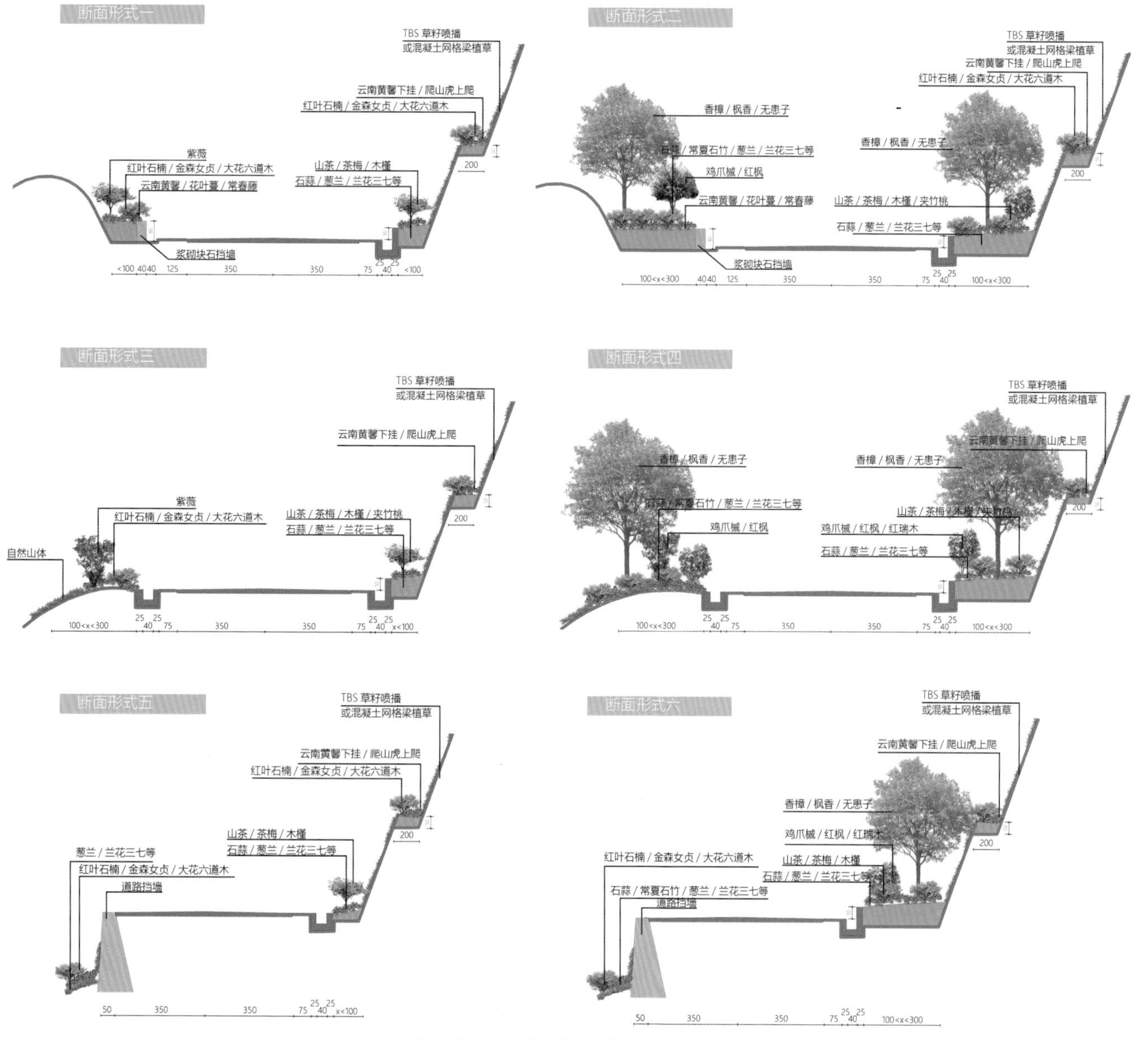

图 6.4–11　道路典型断面图（该图植物配置适用于南方地区）

作为行道树，宽度大于1m区域则可种植金森女贞、红叶石楠等色叶灌木及紫薇、海棠等开花小乔木，边坡以喷播植草为主，坡脚和马道种植槽内主要采用云南黄馨、常春藤、爬山虎等藤本植物，适当种植红叶石楠、大花六道木等灌木。山地型道路的主要覆绿形式如下：

图6.4-12　电站道路典型效果图

电站道路存在较多回头弯区域，回头弯区域植物景观重点应突出植物色彩及造型的丰富及变化，起到提神作用（图6.4-12）。在山路行驶中容易疲劳，为了使驾驶者在行车过程中保持注意力，在路侧种植花灌木，意在提醒小心驾驶注意安全，在最危险的回头弯处更为重要。

（3）路侧平台

在道路前期施工过程中，多处路侧形成开挖平台。综合考虑景观视线及周边环境，每个电站均会选取几处进行路侧平台的打造，作为道路景观中的特色节点，在漫长的道路线性序列景观中创造视觉兴奋点，以更好地观赏电站景色。景观视线良好需满足以下几点：① 视野开阔；②能够较好地欣赏电站大坝、进出水口等枢纽构筑物。根据路侧平台的功能性不同，可分为以下几类：

1）观光科普类平台：此类平台占地面积为100~500m^2，景观视线良好，能够较好地观赏电站大坝、进出水口等电站枢纽。通过硬质平台、防护栏杆、生态停车位及周边植物的组合，形成简约、舒朗的景观画风，打造较为开敞的景观空间，针对平台所赏之物，进行专项讲解，具有科普教育的功能（图6.4-13）。

图6.4-13　观光科普类平台效果图

2）文化休闲园：局部路侧开挖平台面积较大，可达1万~2万m^2，该类平台结合周边环境，可打造为电站内部的文化休闲园，成为一个功能相对独立的休闲小游园（图6.4-14）。若平台毗邻于主要工业枢纽（包括电站大坝、开关站、进出水口），则可将该平台打造成水电文化园，文化园内部穿插开敞的公共性空间及半开敞半公共性空间，融入电站的企业文化、建造历程、枢纽介绍，成为电站的室外科教馆。若平台周边存在较多当地自然人文风光，则可顺势将该平台打造成反映当地文化的休闲小游园，如茶文化休闲园、当地特色水果采摘园等，延续场地记忆。

图 6.4-14　文化休闲园效果图

6.4.5　开关站景观

6.4.5.1　使用者需求及空间类型

从使用者需求及空间类型需求出发，开关站景观设计重点把握以下几点：

1）开关站景观应满足主体功能需求，以生态修复为主。

2）开关站使用人群为电站工作人员，有封闭管理的需求，无游览需求。

3）开关站的景观敏感度根据不同电站的选址而异，结合开关站景观的工业景观属性，其整体景观打造方向应为生态自然景观，以便于降低其景观敏感性。

6.4.5.2　具体设计

开关站景观分为厂区景观及外部景观。厂区景观由厂房周边绿地、边坡生态修复、围墙等组成。厂房周边绿化以草坪为主，以满足厂房设施对于周边环境的要求。边坡生态修复视边坡的高低坡度而定，在边坡较高的区域，一般每隔 10m 左右就设置马道以保证人员和小型设备的交通，同时设置种植槽进行爬藤植物的上爬下挂以提升硬质边坡的观感；低于 10m 的边坡可不设马道。不论边坡高低，坡脚处均设置种植槽进行爬藤植物的上爬设置。在边坡较陡的区域，一般通过 TBS 技术、喷播技术等对边坡坡面进行生态覆绿；在边坡较缓的区域，在边坡上可种植草本类、爬藤类以及小型的灌木。

厂区外部景观视具体空间而定，一般以层次较为丰富的植物空间为主，不涉及过多的景观功能。

6.4.6　上下水库进出水口景观

6.4.6.1　使用者需求及空间类型

从使用者需求及空间类型需求出发，上下水库进出水口景观设计重点把握以下几点：

1）进出水口周边景观应满足主体功能需求，以生态修复为主。

2）进出水口使用人群为电站工作人员，有停车需求，无特殊游览需求。

3）上下水库进出水口景观的景观敏感度根据各电站选址不同而异，以功能需求为主的生态景观修复能够在视觉上有效降低其景观敏感度，与周边环境相协调。

6.4.6.2　具体设计

进出水口生态修复包括建筑周边平台绿化及边坡覆绿。建筑周边平台覆土条件有限，最大覆土厚度可达到约 1m，且平台绿化空间有限，因此绿化植物选择地被、灌木、小乔木的组合方式，使整体景观绿化空间不显拥挤（图 6.4-15）。平台边坡的覆绿方式参考开关站区域边坡的覆绿方式。平台上应考虑生态停车位的设置。

图 6.4-15　进出水口效果图

6.4.7　进厂交通洞景观

6.4.7.1　使用者需求及空间类型

从使用者需求及空间类型需求出发，进厂交通洞景观设计重点把握以下几点：

1）进厂交通洞作为进入地下厂房的重要通道，是进入电站核心的入口。洞口设计首先要满足安全性要求，在洞口设置门卫及防恐安保门禁设施，保证地下厂房安全。其次洞口设计要体现一定形象要求，结合工程措施对洞口装饰、门卫等处进行必要的形象提升，使其在突出洞口形象同时能够融入到周边环境中。

2）进厂交通洞口场地需要具备停车功能，场地的景观打造需要满足主路的行车半径。

3）洞口设计方案需体现简洁性，用最简单的设计语言进行展现。采用标准简洁的施工工艺，便于后期施工和建设。

4）进厂交通洞口多为开挖形成，两侧围合性较好，属于半公共性空间。洞口景观主要满足以上所列的基础功能，无特殊游览需求。

5）进厂交通洞口的景观敏感度根据各电站选址不同而异，交通洞口景观应兼具生态性及地域特色性，以便在视觉上降低其景观敏感性。

6.4.7.2 具体设计

进厂交通洞洞口设计主要考虑两种形式：有衬砌段、无衬砌段。根据进厂交通洞安防与管理要求，并针对区域环境及建筑风格特点对进厂交通洞洞脸进行设计，材料上主要为混凝土、不锈钢、涂料等。

（1）有衬砌段进厂交通洞口布置方案

洞脸与衬砌段一体设计，衬砌段局部架空，结合门卫、不锈钢隔离栅、安防系统等设置全封闭的洞口空间。由外至内分别设置伸缩门、智能升降柱（防爆桩）、不锈钢大门等安防措施。内部员工进入采用门禁系统控制。在交通流线组织上采用人车分流，车行正面进入，人行绕过洞脸，行至门卫房侧，刷门禁卡进入。整体平面布局为左右两侧布置一层建筑（门卫房与配套用房），建筑单体控制在 4m×6.5m 左右，建筑距离进洞道路边界为 1.5m。进洞前方设置洞脸墙，洞脸墙距离建筑山墙面控制在 1.5m 左右（图 6.4–16）。

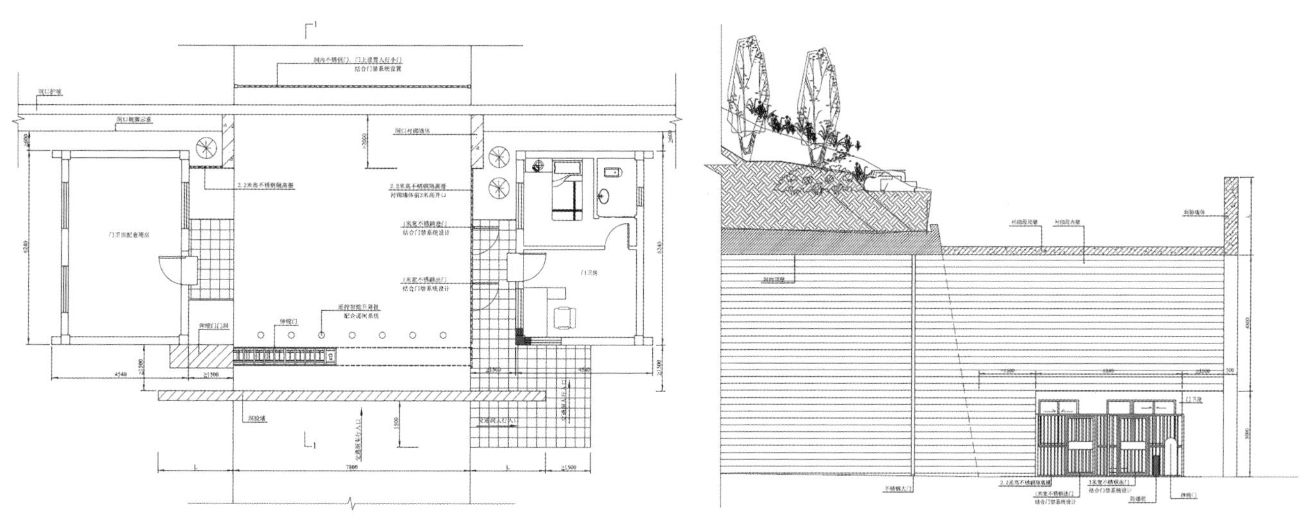

图 6.4–16　有衬砌段进厂交通洞口布置平立面

具体建筑样式设计之时，提取电站所在区域的特色元素，如南方地区建筑的白墙、灰瓦、小青瓦、灰瓦压顶等元素，北方地区建筑的简洁、稳重形象。设计之时考虑门卫房管理人员的视线要求，在洞脸墙两侧设置镂空的玻璃窗造型。洞脸两侧设置门卫房和配套用房，建筑样式与洞脸样式统一，采用坡屋顶，靠近洞脸侧山墙高度适当加高，使之与洞脸高度比例和谐（图 6.4–17）。洞脸墙体根据造型整体采用钢筋混凝土现浇，外侧刷涂料，根据区域特色选用不同的涂料颜色，并在外立面点缀不同的区域特色元素。封闭式玻璃窗采用铝合金窗。洞铭牌采用钢筋混凝土现浇，铭牌根据公司标识标准贴亚克力材料字体。

（2）无衬砌段进厂交通洞口布置方案

洞脸单独设计，利用洞脸与洞口之间的空间，结合门卫、不锈钢隔离栅、安防系统等设置全封闭的洞口空间。由外至内分别设置伸缩门、智能升降柱（防爆桩）、不锈钢大门等安防措施。内部员工进入采用门禁系统控制。在交通流线组织上采用人车分流，车行正面进入，人行绕过洞脸，行至门卫房侧，刷门禁卡进入。整体平面布局为左右两侧布置一层建筑（门卫房与配套用房），建筑单体控制在 4m×6.5m 左右，建筑距离进洞道路边界为 1.5m。进洞前方设置洞脸墙，洞脸墙距离建筑山墙面控制在 1.5m 左右（图 6.4–18）。

图 6.4-17　有衬砌段进厂交通洞口效果图

图 6.4-19　无衬砌段进厂交通洞口效果图

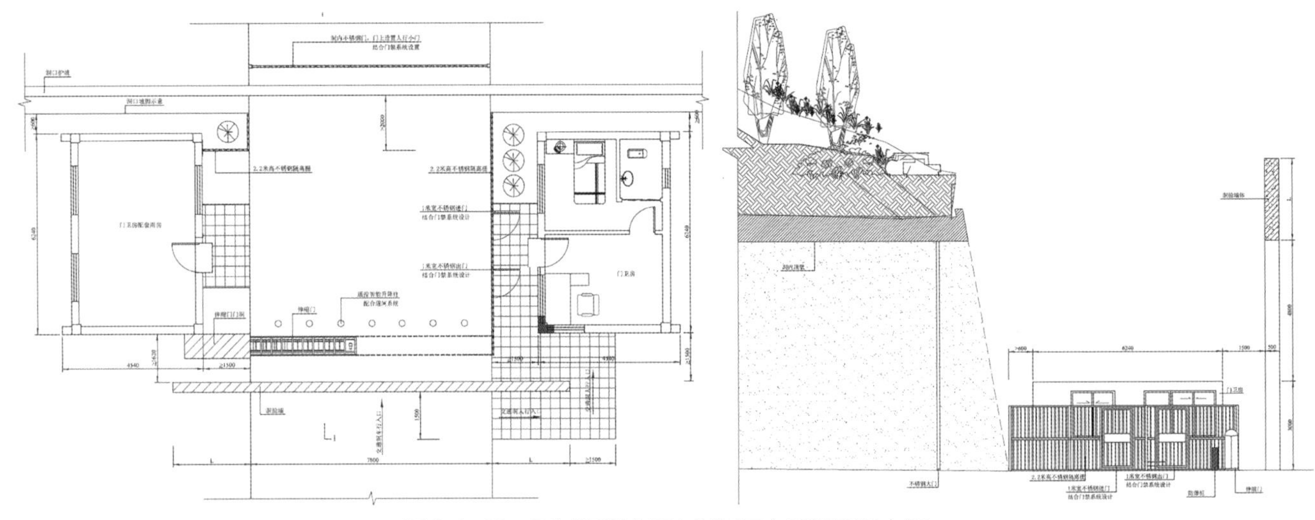

图6.4-18　无衬砌段进厂交通洞口布置平面和立面

在具体建筑样式设计之时，以“门”作为设计理念，通过两个规整“门”字形框，作为洞脸主体墙体，强调入口概念。色彩的选择与区域特色进行匹配，同时考虑门卫房管理人员的视线要求，在洞脸墙两侧设置镂空的玻璃窗造型，增强现代工业感。洞脸两侧设置门卫房和配套用房，建筑样式与洞脸样式统一，采用坡屋顶，靠近洞脸侧山墙高度适当加高，使之与洞脸高度比例和谐（图 6.4-19）。洞脸墙体根据造型整体采用钢筋混凝土现浇，外侧刷涂料，颜色选择与区域特色匹配。封闭式玻璃窗采用铝合金窗。洞铭牌根据公司标识标准贴亚克力材料字体。

6.4.8　其他洞口景观

6.4.8.1　使用者需求及空间类型

从使用者需求及空间类型需求出发，其他洞口景观设计重点把握以下几点：

1）隧道口多为开挖形成，两侧围合性较好，一般洞口区域属于半公共性空间，且洞口多属于经过性景观，无需停留空间，也无特殊游览需求。

2）其他洞口主要指通风兼安全洞洞口、施工支洞洞口、排水洞洞口、道路隧道口等。各洞口需要相应地满足交通功能，同时考虑洞口的安全管理功能。

3）洞口设计方案需体现简洁性，用最简单的设计语言进行展现。采用标准简洁的施工工艺，便于后期施工和建设。

4）洞口设计必须与山体环境相融合，通过对洞口的装饰设计，使洞口仿佛生长于山体之中，但又能具备视觉焦点的作用，同时能够有效降低其景观敏感性。

6.4.8.2 具体设计

通风兼安全洞洞口、施工支洞、排水洞等属于封闭式洞口，以通风兼安全洞为例，其他洞口根据尺寸进行相应的微调。洞脸基础采用钢筋混凝土形成垂直面，在面上和洞顶进行土黄色塑石塑形，整体体现生态性。洞口进行封闭式管理，采用不锈钢格栅门。考虑车行以及人行的需要，在不锈钢格栅门的基础上开设小门，便于管理。施工支洞洞门以车行为主，不设置人行小门。排水洞以人行为主，设置小门，其余施工洞口均采取封闭管理。

道路隧道口为开放式洞口，同样采用钢筋混凝土形成垂直面，在面上和洞顶进行土黄色塑石塑形，整体体现生态性。洞顶混播草籽、草花及灌木种子，与周边自然山体形成过渡，坡脚则以灌木及草本植物为主，搭配多年生草花，形成自然而缤纷的植物景观（图 6.4–20）。

图 6.4–20 其他道路隧道口效果图

6.4.9 各类临建场地景观

6.4.9.1 使用者需求及空间类型

从使用者需求及空间类型需求出发，各类临建场地景观设计重点把握以下几点：

1）各类临建场地主要包括渣场、料场、钢管加工厂、炸药库等临时用地。大多数临时用地属于电站的临时征地范围。后期对于此类场地的景观需求主要是减少水土流失，进行生态覆绿，和周边的山水环境相融合。局部临时用地属于永久征地，对于该类场地，其景观需求可以多样化，做到后期与产业相结合，从而得到生态效益及经济效益。

2）各类临建场地的景观空间类型根据场地的需求而多样化。简单生态覆绿对于景观空间无特殊要求。如若结合后期的产业进行统一打造则需要结合不同类型的景观空间，使场地更具景观亮点与趣味性。

3）各类临建场地占地面积较大，往往其景观敏感度较高，应注重其生态景观修复，从而降低其与周边环境的对比度。

6.4.9.2 具体设计

1）针对用地属性为临时用地范围内的用地，在工程施工期前期可先播撒草籽，后期拆除设备后通过大量人造林带的种植进行初步覆绿，逐步在人造林的基础上进行补种多样混交树种，强化自然演替过程，形成构造复层式、植被多样化的稳定群落。

2）针对用地属性为永久征地范围内的临建场地，景观设计可以休闲小游园的标准进行打造。多冠以自然式的主题，与周边的自然山水相融合，如花海景观、蔬果园打造、茶园打造、片林景观展示等。在自然式主题的基础上进行多样化景观空间的穿插，塑造宜人的景观风貌，也可获得一定的经济效益。

6.5 视觉形象设计

6.5.1 视觉形象设计要点

在抽水蓄能电站视觉形象设计过程中，应充分研究电站周边的地理环境特点和自然色彩、民俗文化、区域历史传统，以及电站自身的文化需求、企业愿景、员工思想等。通过对色彩调研的数据进行分析，研究企业文化布置和色彩选择的范围与运用形式，提出色彩应用的倾向性意见与计划建议，对视觉色彩进行统一规划。将各种企业文化元素进行归类整理，综合分析与确定电站的整体设计风格和设计语言，重点把握以下几点：

1）遵循城市色彩规划：以电站所在地城市色彩规划为基础，将电站视觉形象中色彩设计与周边整体城市色彩规划相协调，充分考虑电站外观视觉色彩与地域、气候、历史文脉及城市发展的关系。

2）提炼企业性格色彩：以企业性格色彩为主线，将企业文化与色彩结合，以企业性格色彩贯穿整体视觉形象设计过程。

3）尊重地域历史文化：以文化脉络为引导，结合电站地域历史文化元素，融合区域宗教、民族、习俗文化色彩知识，对电站视觉形象规划设计进行文化定位。

4）贯彻企业文化理念：侧重企业自身愿景，以企业视觉识别手册和企业文化手册为依据，通过视觉感知、审美感应、文化感受达到企业文化的物化。

5）坚持以人为本思想：以人体工程学、设计美学、色彩心理学等学科为基础，以国家及行业规范为依据，优化企业生产与管理的工作环境空间，提升企业品格，提高员工工作效率，增强员工的归属感和认同感。

6）打造“一站一品”品牌：把企业文化的引导、约束作用运用到运行管理中去，通过视觉形象设计实现各抽水蓄能电站“一站一品”特色文化的塑造。

6.5.2 视觉形象设计

根据视觉形象设计要点，针对抽水蓄能电站各个部位的特点进行系统的视觉形象设计。各部位的设计要点详见表 6.5–1。

表 6.5–1　视觉形象提升设计要点列表

序号	提升部位	视觉设计要点
1	枢纽工程视觉形象设计	在大坝、进出水口等重要枢纽处通过企业文化、地方特色的融入表现简洁大气、具有工业特征的枢纽形象

续表

序号	提升部位	视觉设计要点
2	厂房视觉形象设计	在进厂交通洞口、进厂交通洞隧道段及地下厂房处通过企业文化、地方特色、企业色等的融入表现电站的美观整洁及工业特征
3	电站建筑视觉形象设计	电站内各处建筑通过地方特色、企业色的融入体现电站所在地域的风俗特点
4	电站景观视觉形象设计	在业主营地、电站内道路、进厂交通洞口、多处洞口等室外视线可及处通过企业文化、地方特色的融入打造符合各处使用功能且美观的景观
5	建筑室内视觉形象设计	通过企业色及企业文化的融入打造符合功能需求的室内空间
6	企业文化目视化设计	在会议室、活动中心、电站入口等视觉焦点处通过企业标识的融入突出企业文化
7	设备及管道色彩设计	遵循“统一、协调、简洁、美观”的原则，在工业设备及管道外侧涂刷相应的色彩
8	安全规范目视系统设计	在生产区域主要通道等处张贴安全生产相关的图片等

6.5.2.1　枢纽工程视觉形象设计

抽水蓄能电站枢纽工程一般为大坝、进出水口、地下厂房等。作为抽水蓄能电站重要的枢纽工程其视觉形象设计应满足其使用功能需求，结合不同区域环境以及企业文化特点进行设计。抽水蓄能电站具有较强的工业属性，同时电站也具有企业属性和地域属性。作为电站最重要的组成部分，电站枢纽工程应在主要色彩上体现工业色彩，以电站工程主要材料混凝土的颜色作为本底，同时融入企业文化色和地域色彩。枢纽工程在外观设计上以简洁大气为主，融入自然山水环境，但在重要的部位点缀企业形象标识，以突显企业形象。

（1）大坝视觉形象设计

抽水蓄能电站因特有的发电方式，需要设置上、下两个水库，而大坝是建设水库的重要组成部分。在上水库、下水库的视觉印象中，大坝是最重要的视觉焦点。抽水蓄能电站大坝一般为面板堆石坝，坝坡在1：1~1：2之间，坝体体积较大。为了体现电站工程的生态性，坝坡一般采用框格梁覆绿，在绿色的坝坡上通过植物绿化写字的形式，点缀电站的企业标识，突显企业形象（图6.5–1）。例如浙江仙居抽水蓄能电站，在绿色的坝坡上通过种植红花檵木（暗红色）进行电站名称的表现，以成为进入电站上水库看到的第一视觉形象点，该处坝体位置在下水库亦能清晰看到（图6.5–2）。这使其电站企业形象更加凸显。电站坝坡装饰企业

图6.5-1　福建厦门抽水蓄能电站上水库坝坡植物刻字效果图

图6.5-2　浙江仙居抽水蓄能电站上水库坝坡植物刻字实景图

标识除了植物措施外，也可采用亚克力或不锈钢等材料，这样可降低维护成本，耐久性更好。同时可搭配夜景灯光，在夜间呈现靓丽的风景。

（2）进出水口视觉形象设计

进出水口一般为混凝土护坡形象，上部为开挖的混凝土平台，平台上方设置高度超过 25m 左右的启闭机房建筑，是上水库或下水库又一重要的标志性建筑物，建筑呈塔楼形式。作为在上水库或下水库的视线焦点，启闭机房建筑视觉形象主要体现在建筑物外观形态和色彩上。启闭机房的视觉形象设计以满足启闭机房建筑的功能需求为基础，具有高度、宽度的尺寸需求，同时还有侧面格栅通风需求。外观设计和色彩选择与电站建筑风格保持一致，但体现工业性，适当简洁。例如浙江宁海抽水蓄能电站、福建厦门抽水蓄能电站、浙江仙居抽水蓄能电站等都体现了电站统一的建筑风格，展示电站独特的建筑形象（图 6.5–3~ 图 6.5–5）。另外浙江安吉天荒坪抽水蓄能电站上水库启闭机房非常有自身特色，采用城堡型的建筑外观，其上水库是江南天池景区，这与其景区形象符合（图 6.5–6）。

6.5.2.2 厂房视觉形象设计

抽水蓄能电站厂房位于地下，视觉形象设计主要体现在进厂交通洞洞口、进厂交通洞、地下厂房等位置。

图 6.5-3 浙江宁海抽水蓄能电站上水库启闭机房效果展示图

图 6.5-4 福建厦门抽水蓄能电站上水库启闭机房效果展示图

图 6.5-5 浙江仙居抽水蓄能电站上水库启闭机房实景图

图 6.5-6 浙江安吉天荒坪抽水蓄能电站上水库启闭机房实景图

（1）进厂交通洞洞口视觉形象设计

进厂交通洞洞口是进入地下厂房的入口，洞口景观设计在前文景观章节中已有阐述，主要采用建构筑物形式的外观装饰，建筑物风格一般与电站的整体建筑风格一致，体现电站统一的建筑形象（图 6.5–7）。但部分电站采用异形建构筑物形式，体现工业艺术美。作为电站厂房入口，一般在电站进厂洞建构筑物上方，结合建构筑物一体设置“进厂交通洞”铭牌，铭牌一般采用直接刻字和电子显示屏两种形式。铭牌的设置有助于提升企业形象宣传。

图 6.5-7　浙江桐柏抽水蓄能电站进厂交通洞洞口实景图

（2）进厂交通洞视觉形象设计

进厂交通洞是通过性通道，体现电站简约、经济、自然等企业理念，基本上以喷混护面保证其安全性为主，同时也体现电站工业属性。可在两侧做简洁的衬砌装饰，体现一定的艺术性，可在靠近地下厂房段设置一段装饰橱窗，以展示电站企业文化（图 6.5–8、图 6.5–9）。

（3）地下厂房视觉形象设计

电站厂房室内空间的墙面、地面、顶棚形状、色泽和材质及其内部的设备、家具和装修应保持有机内在

图 6.5-8　浙江桐柏抽水蓄能电站进厂交通洞实景图

图 6.5-9　浙江仙居抽水蓄能电站进厂交通洞实景图

图 6.5-10　浙江缙云抽水蓄能电站厂房效果图

图 6.5-11　浙江宁海抽水蓄能电站厂房效果图

联系和外观的统一，应深入分析和研究建筑物的使用要求，创造合理的室内空间。主机间应保持大尺度空间的完整性，地下或封闭式厂房应打破沉闷的压抑感，采用轻巧、通透和明快手法以改善环境气氛（图 6.5-10、图 6.5-11）。厂房室内设计以主体设备为主要表现对象，利用色彩装修和照明等手段表现出电站厂房的特点，塑造舒适、整洁、美观的生活和工作环境。

地下厂房设计时应避免使用高彩度色彩，墙壁色彩应与设备色彩在一个明度区间，顶棚色彩明度较高，可使用白色或反射率 80% 以上的色彩，地面色彩与工作台色彩明度反差不宜过大，高温环境使用冷色系，低温环境使用暖色系。

厂房发电机层地面采用环氧树脂自流坪施工工艺，地坪颜色采用企业 VI 标准色及辅助色；厂房发电机层以下其他部位地面采用水磨石施工工艺，并根据功能区域使用不同的颜色进行分隔区分。

地下厂房室内照明宜采用节能灯或 LED 光源，色温应为中性偏冷。

6.5.2.3　电站建筑视觉形象设计

（1）建筑色彩、外观设计

电站建筑应遵循艺术审美原则，既符合电站所在地城市色彩规划要求，又能体现建筑创作，在整体的城市或自然环境内形成较为一致的色彩背景，即主色调统一，辅色调控制住建筑用色的明度和饱和度。在历史地段、文物或历史建筑的协调区范围内，电站建筑色彩应与其所在保护区的历史建筑色彩协调。建筑墙面辅色选用可多样，但面积占立面比例应小于 20%，明度和饱和度不宜过高，应和主色调相互协调。

在建筑顶部设置企业 VI 标准色系图案，使建筑具备企业视觉形象识别性。根据企业处于不同地区，兼顾企业与地域的不同视觉要求，使建筑外观在保证企业品牌主色调和视觉效果的前提下，融入地域元素，体现所在地域风俗特点。

（2）建筑墙面材料

电站建筑墙面应采用环保材料。屋面采用坡屋面或使用金属板材时，应使用反光系数低的材料。进行体型、外装修和建筑屋面设计时，应从空间各角度多方位考虑，考虑从坝顶、山头、水面等主要交通线上眺望电站的视觉形象。

6.5.2.4 电站景观视觉形象设计

1）业主营地一般由办公区、生活区、宿舍区、活动区组成，是抽水蓄能电站的人流集中区域，此区域视觉形象规划设计应重点考虑文化景观的塑造（图 6.5-12）。重点人流广场节点处设计企业文化互动景观，体现企业的精神文化内涵，增强员工对企业文化的感受度。绿地系统内应根据场地条件适当设计员工休闲设施，将企业文化体验装置融入到休闲设施中，体现企业文化的历史传承。以企业文化为根本，结合电站地域文化，通过合理规划设计与科学的植物配置、景观文化造景，提升文化品质，建设环境生态、人文景观丰富的电站。

2）上下水库管理用房为电站工作人员值班办公场地，景观以电站安全理念为主导，结合企业文化要求进行局部展示，绿地以植物造景为主，因地制宜、适地适树，考虑主要干道的对景效果和电站主要出入口的景观效果。

3）上下水库大坝视觉形象区域一般包括主坝、副坝及附属建构筑物周边环境，景观设计考虑与周边自然环境的融合，按需塑景，可在不影响现有功能要求的基础上考虑大地景观艺术形式的体现。

4）道路边坡及两侧、河道绿地修复及上下水库进出水口区域重点考虑生态环境的修复和保持。

5）进厂交通洞是进入电站地下厂房的主入口，兼有电站景观形象展示作用。洞脸边坡及周边环境重点进行生态修复和地形地貌保持，洞脸整体视觉形象设计应结合电站整体色彩定位和设计定位要求，以文化塑造为出发点，将洞脸视觉形象打造为公司企业形象的展示点。

图 6.5-12 电站室外视觉形象节点展示图

6）其他洞口视觉形象设计以生态修复为主，采用仿生设计手法，减弱人工开挖对整体自然视觉形象的破坏。

6.5.2.5 建筑室内视觉形象设计

室内空间是一个完整的“人—机—环境”系统。室内空间色彩与企业 VI 系统协调，可选用其中的主色或辅助色在空间进行点缀或作为色彩基调，基调色要满足其空间的功能需求。

办公空间色彩基调要求柔和而明亮，给人以舒适安静的视觉享受。地面色彩与家具桌面色彩协调。反差不宜过大，以免产生强烈的明度对比，造成视觉疲劳。

接待室色彩基调宜采用暖色调，可根据地域差异来确定色彩基调的冷暖系数。

会议室色彩与空间大小相关，大会议室色彩基调以冷色调为主，减弱参会人疲劳感，小会议室色彩基调采用高明度，增加空间较为宽敞的视觉感受。

食堂避免使用过于浓艳或暗沉的色彩作为色彩基调，红色系和橙色系面积不宜过大，可局部点缀，地面色彩要对污染有掩饰作用，避免使用纯度过纯，明度过高的色彩。照明选取暖光源设备。

值班楼色彩基调采用暖色调，营造和谐亲切的环境氛围，通过暖色系或有共性的色彩组合，满足不同使用者的视觉需求，同时在布艺的选择上要与整体环境和谐统一。

门窗色彩明度和彩度应恰当使用，不宜与墙面形成强烈对比，应与之协调。

卫生间装饰材料统一简洁，色彩明快。洁具造型现代简约。地面墙面瓷砖统一以浅色为主，可适当点缀深色。

6.5.2.6 企业文化目视化设计

（1）企业文化布置

企业标识位置明确，大小比例根据现场要求定制放样，效果应与空间环境融合，具体比例及色彩标准以企业视觉识别系统手册要求为准。文化理念应选自电站企业文化核心内容，布置于空间合适位置以体现企业精神（图 6.5–13、图 6.5–14）。

图 6.5–13 活动中心企业文化装饰效果图

图 6.5–14 会议室企业文化装饰效果图

（2）陈设

将电站企业文化元素与地域历史文化、当代艺术结合，创作具有企业特色的艺术饰品，在室内空间进行点缀布置（图 6.5-15）。将与企业相关的宣传图片或物件通过现代装饰手段进行二次创作，在室内空间中点缀。

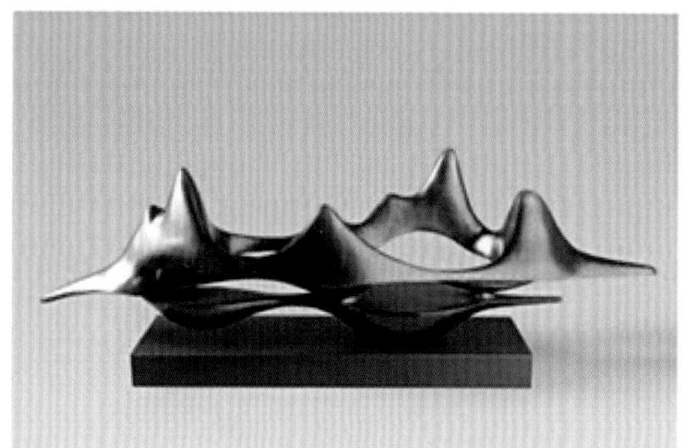

图 6.5-15 山、石、岩心等电站特色室内陈设

（3）色彩

将电站企业性格色彩在室内空间的墙面上体现，宣贯电站企业文化（图 6.5-16）。将不同区域进行色彩规划，对功能分区目视化处理，通过色彩引导参观流线。

图 6.5-16 公共走廊企业文化装饰效果图

（4）家具

家具造型简洁，色彩明快，色相、纯度与空间环境和谐统一，局部可选用原木色，增加温馨感。休闲区家具可局部选用鲜艳、跳跃色彩，增加空间的生动感和活泼感。

（5）绿植

绿植造型应与室内空间环境相呼应，色彩应与环境融合。盆器应采用现代形式，色彩应与企业性格色彩对应，在室内空间中点缀布置。

（6）饰面材料

地面材料花纹选用抽象元素，图案现代，色彩与周边饰面材料呼应。窗帘色彩中性，根据不同空间进行冷暖选择。所有饰面材料应与整个空间环境和谐统一。

（7）标识导视系统设计

标识导视造型现代，色彩简洁明快，功能区分明确，在满足企业视觉识别总体要求的规则下体现企业个性文化。户外标识导视位置醒目，色彩搭配与周边环境和谐统一。室内标识导视比例适中，内容清晰，体现企业个性文化。在重点位置布置企业文化标识电子显示系统。

6.5.2.7 设备及管道色彩设计

1）抽水蓄能电站设备外观颜色配置应遵循“统一、协调、简洁、美观”的原则。设备外观颜色种类不宜过多，同一类别设备颜色应尽量统一。水轮发电机组、变压器、开关设备、机组辅助设备和厂房公用设备、闸门设备以柔和、高雅、中性的灰色调为主，桥机、门机等金属结构设备以醒目、明快的桔黄色调为主，风洞、水轮机室以温和、明亮的浅黄色调为主，转动部件应涂红色的安全色，危险部位应涂黄色的安全色。油、气、水管路，消防设施等国家、行业有规定的按有关标准执行。

2）新建电站机电设备采购、设备安装着色应执行导则要求。已投产电站设备改造和检修涉及外观颜色选择、漆面喷涂，本着经济的原则，按本导则的规定逐步统一。

3）设备及管道色彩选用:《漆膜颜色标准样卡》（GSB 05–1426—2001）。

4）具体实施细节可参照:《抽水蓄能电站设备及管道色彩标准》执行。

6.5.2.8 安全规范目视系统设计

1）现场的图片、图形、色标、文字等视觉信号要求形象直观，色彩适宜，迅速而准确地将复杂的信息如安全规章、生产要求等具体化和形象化，并实现安全管理规章、生产要求等与现场、岗位的有机结合，从而保证各岗位人员的规范操作，进而提高工作效率。

2）生产区域的主要通道、安全警示、设备定位、功能区划等线型色彩、尺寸标准统一遵照《国家电网公司安全设施标准　第4部分：水电厂》要求执行。

3）设备标志标识饰面简洁，文字内容清晰，安装位置适中。

4）宣传、展板材料现代，内容可进行更换，版面设计现代，体现设计元素。

7 探索“立足自身，协调区域”的综合利用规划

7.1 综合利用重要性

7.1.1 产业融合发展促进高质量发展

产业融合是指在时间上先后产生、结构上处于不同层次的农业、工业、服务业、信息业、知识业在同一个产业、产业链、产业网中相互渗透、相互包含、融合发展的产业形态与经济增长方式，是用无形渗透有形、高端统御低端、先进提升落后、纵向带动横向，使低端产业成为高端产业的组成部分，实现产业升级的知识运营增长方式、发展模式与企业经营模式。

20 世纪 90 年代首先在电信、广播电视和出版等部门出现了固定化产业边界模糊与消失的融合现象。在信息化进程中，数字技术的发展，特别是计算技术和网络技术走向 IP（互联网通信）技术融合，不仅使语音与数据可以融合，而且使不同形式的传媒彼此之间的互换性和互联性得到加强，这一现象被称为“数字融合”。数字融合不仅改变了获得信息的时间和空间及其成本，更重要的是其技术进步发生在各产业边界处，为产业融合提供了重要的技术支撑，使得原本各自独立的电信、广播电视以及出版业开始走向融合。这种产业融合成为新的经济增长点，引起了全世界的关注。

在经济全球化浪潮中，随着技术革命和信息化进程的不断深入，产业经济发展正发生着前所未有的新变化。高新技术产业与传统产业、新兴产业之间已经显现的产业融合现象，引发整个产业体系构架的历史性变迁。产业融合可以提高单一产业的生产率和竞争力，是现代产业高质量发展的一种重要模式。

在“碳达峰、碳中和”目标的驱动下，大到整个产业链小到一个零部件，都需要通过转型应对变化。抽水蓄能电站的建设源于电力市场的需求，形成于政府的投资建设，是市场需求、政府决策与技术创新共生的结果。抽水蓄能电站特色的站址环境和所处区域条件，具备在保持发电这一主业务下，寻求多产业融合发展的条件。因此抽水蓄能电站应该站在区域、全域角度出发，与区域内资源的综合利用相结合，与上下游产业链的互动相结合，与人民日益增长的美好生活需求相结合，实现多产业融合综合发展，这必将迎来更大的机遇、更广阔的空间，形成新的增长点，推动抽水蓄能电站高质量发展。

7.1.2 综合利用是公共企业服务属性重要体现

公共企业，就是指政府为了解决市场失灵问题，即出于向社会公众提供必不可少的公共产品和服务、解决外部效用问题、增进社会公正、调节和平衡宏观经济发展等目的建立和经营的企业。

公共企业内涵是指持续存在的、以为社会提供具有公共性质的产品和服务为主要经营活动的、具有一定盈利目标、受到政府特殊管制措施制约的组织化经济实体，又称公益性企业。抽水蓄能电站是政府通过调节电力市场，优化配置电力资源而发展的企业，企业虽具有一定的盈利目标，但在政府特殊监管下，提供具有公共性质的服务，如调峰调频、事故备用等功能，是抽水蓄能电站独有的公益性功能。

抽水蓄能电站作为公共企业，在满足电网调峰填谷、调频、调相、紧急事故备用等电网服务功能的基础

上。对于促进区域经济发展，改善区域自然社会环境等，更是责任所在。电站通过生态环境建设后，将形成优美的自然环境和良好的生态本底，对于区域的环境改善提供有利条件。抽水蓄能电站良好的资源环境，如上、下水库区水资源、自然山地风光资源、电站内部道路资源、电站的科普教育资源以及各类场地资源等，均具备公共属性，正成为区域发展的重要的资源禀赋。因此抽水蓄能电站应该在保证发电这一主体功能前提下，发挥公共企业的服务属性，深入挖掘并结合区域内其他资源，丰富电站区域的产业功能，拓展电站区域的产业链，以形成电站和区域的多核经济增长方式。如通过合理规划，将电站工程与景观项目相结合，开展以电力知识科普为主的工业旅游；优化区域内生态环境，将电站功能用于农业水利，发展生态农业；在电站工程附近引进建设相关电力研究所，授权其在区域内进行科研工作。

抽水蓄能电站只有通过对自身资源的综合利用规划，制定合理的发展和利用方向，才能实现电站综合效益最大化，更好地服务和促进自身及区域的自然、社会、经济的发展。这是抽水蓄能电站作为公共企业属性的最大使命所在。

7.2 综合利用规划策略

抽水蓄能电站资源综合利用规划重点研究的是资源综合利用问题，通过对工程区内及外围一定范围内的各类资源进行调查分析和评价总结。协调主体工程，制定区域资源保护规划，降低主体工程对优势资源的破坏影响；秉承“保护中建设，建设中保护”理念，对电站工程区内的资源进行修复和提升，构建生态优、特色显的电站整体资源环境；统筹区域发展，结合电站资源优势，制定资源综合利用规划。抽水蓄能电站资源综合利用规划策略主要针对“资源调查和保护、资源修复和提升、社会经济协调发展”三个方面展开，层层渐进。其中资源的修复和提升主要在电站生态环境建设中完成，资源综合利用规划主要制定概念方向。

7.2.1 资源为基，保护先行

抽水蓄能电站在工程建设前，电站工程范围内以及范围外一定区域内资源丰富。一般可分为自然资源、人文资源、工程资源等三大类。其中工程资源主要为电站建成后形成主体工程资源。在工程建设前期，对电站资源进行深入调查和挖掘，并进行分类统计，参照《旅游资源分类、调查与评价》（GB/T 18972—2003）标准以及资源与工程联系的紧密度进行评价，提出资源综合利用的目标和定位。并对重要的优势资源，在保证电站主体工程建设的前提下，尽可能进行保护。通过制定保护资源的位置提出保护资源的有效措施等，在工程建设期避免优势资源的破坏，实现后续对该资源的有效利用。

7.2.2 修复为本，特色提升

抽水蓄能电站资源调查和评价后，对优势资源进行保护，为后续电站资源利用提供了基础。但对于因电站主体工程建设需要场地中破坏的资源如自然山体、水域、植物、建筑等，需要进行修复。修复一般分为生态本底修复和特色提升两类，其中生态本底修复主要对各类边坡、临建场地等进行植被恢复，构建电站自然山水基底。同时针对电站内重要的节点，如业主营地、开关站、进出水口（含启闭机房）、上下水库岸观景点、各类道路观景台、电站入口等区域进行特色提升，通过植物、景观、建构筑物等建设展现电站企业形象和地域文化，实现电站“一站一品”建设。

7.2.3 协调区域，综合发展

抽水蓄能电站在资源保护和修复基础上，通过生态环境建设形成良好的资源环境。绿水青山、高山平湖、雄伟大坝、科技展示以及配套的餐饮、住宿等资源设施成为区域优异的资源。对区域资源环境以及产业发展进行调查，将电站资源优势发挥最大。通过电站与地方政府或当地企业合作，根据电站自身特点形成电站度假、电站观光、电站科普教育、电站农业发展等多种综合利用方式，实现电站发展效益最大化，同时促进区域经济发展。

7.3 综合利用指标评价体系

7.3.1 评价内容工程

抽水蓄能电站综合利用评价是一个复杂的系统，包括电站工程本身及其所在区域的政治、经济、社会、环境等多个方面。

7.3.1.1 电站工程本身

抽水蓄能电站具备调蓄、消纳等功能，在国家电力电网系统中扮演着重要角色。抽水蓄能电站的区域综合开发首先要评价抽水蓄能电站自身的资源情况，主要包括电站的规模、价值及其地位。抽水蓄能电站的规模一般以装机容量显现。我国抽水蓄能电站的数量较多，规模各异。从寸堂口抽蓄的 0.2 万 kW 到广东惠州抽蓄的 240 万 kW，装机容量存在较大差异。抽水蓄能电站的规模容量对电站的经济效益、工业科技及绿色能源的综合展示有重要的影响，进而影响所在区域的综合开发。

抽水蓄能电站工程建设规模较大，投资高，施工周期长，涉及因素多，影响范围和后果重大而深远，是个内部结构复杂、外部联系广泛的工程系统。抽水蓄能电站的投资建设具有很强的正外部性，除了通过发电带来收益外，更重要的价值是调蓄节能，降低能源损耗，以及促进新能源的消纳能力。抽水蓄能电站的正外部性的存在，决定了电站工程的价值不能仅由经济收益进行衡量。抽蓄电站工程不能完全以经济效益为中心，必须考虑社会效益，甚至要将社会效益放在第一位。抽蓄电站工程的正外部性的特征及其可能带来的生态环境破坏等负外部性在要求国家加强监管的同时，也对国家提出了必须为工程企业提供一定形式的补偿的要求。鉴于此，对电站区域的综合开发显得格外重要。通过电站区域的综合开发，有利于提高电站工程的整体经济效益，以及扩大工程建设给所在区域带来的社会效益和环境效益。

抽水蓄能电站的建设，从国民经济整体考虑，涉及到综合国力，以及国家的能源规划和布局；从社会系统分析，涉及国家方针、政策、法令、国防及社会发展等各个方面。抽水蓄能电站的地位在受到其规模、价值影响的同时，很大程度上是由国家或区域的宏观环境决定的。但反过来，抽蓄电站的地位会为所在区域的综合开发创造和提供不同的社会大环境。

7.3.1.2 所在区域条件

抽水蓄能电站所在区域以电站的上下水库所在行政区划的管理范围为准。抽水蓄能电站综合利用是以电站工程为基础，整合所在区域内各产业资源及要素，以核心资源为引擎，实现区域产业融合，最终带动全域发展的开发模式。由于涉及跨产业、多部门的协同合作，政府在抽水蓄能电站的综合开发过程中扮演着重要角色。政策方针、政府相关部门支持与否直接决定抽水蓄能电站综合利用能否执行。

抽水蓄能电站工程所在区域的社会经济条件、生态环境状况等都会影响其综合开发的可行程度及模式选择。由于区域条件的差异，抽水蓄能电站的区域具有不同的资源禀赋和开发条件。从区位经济条件来说，抽水蓄能电站的分布及规模与所在区域的经济发展水平和用电负荷密切相关。我国大中型抽水蓄能电站集中在京津唐、长三角、珠三角区域，小型的零散分布在内陆区域。区域产业发展水平及资源禀赋会为抽水蓄能电站综合利用奠定开发基础，不同产业的发展程度差异会为综合开发指明方向，并提供引擎要素。比如，若电站周边景观资源条件好，并且所在区域的旅游业发展水平高，则可考虑建立以旅游开发为驱动的区域综合利用模式，将电站纳入到区域旅游系统，挖掘并发挥抽水蓄能电站所具有的工业科普、科技观光等旅游价值。以区域旅游的知名度带动电站工程的旅游价值延伸，并以电站独特的工业科技要素促进区域旅游的提升发展。

抽水蓄能电站的建设选址一般为靠近用电负荷中心，存在天然高差，地质情况稳定的区域。上水库一般位于海拔较高，生态植被覆盖率高的山区；下水库一般位于深山峡谷，或者地势平坦的水域。地质等生态环境条件不仅影响抽水蓄能电站的建设选址，同时也影响综合开发模式的选择。选址在生态环境良好、自然风光优美区域的抽水蓄能电站，通过采用生态环保的方式与自然风光互为促进，并且电站的建设能推进地方基础设施的建设，进一步提升自然风光的品质。在这类抽水蓄能电站的区域可以采用生态驱动的综合开发模式，开发生态疗养度假、富氧户外体育等产品，促进工业、农业与旅游业的产业融合。

大型水电工程的开发建设引起的移民等社会问题一直受到广泛重视。移民涉及政策与标准、体制与机制、经济基础与社会环境、民俗风情与传统文化等各个方面。移民安置措施会影响当地社区对工程区域开发的情绪和态度，进而影响开发建设进程，以及区域发展的社区参与基础。此外，抽水蓄能电站综合利用不应该仅仅着眼于电站本身，而是应该立足于当地，深入挖掘富有当地特色、能展示当地民俗风貌的文化资源。历史文化资源作为展示当地风情的非物质资源，具有更加鲜活的地域性和标志性。对于具有独特文化符号的抽水蓄能电站区域，可以采用文化驱动的开发模式，强调区域产业活动的社区参与，以及体验性活动的开发设计，以促进区域的和谐可持续发展。

7.3.2 评价指标体系构建

目前，关于综合评价的方法很多，合适的评价方法将直接影响综合评价结论的客观性，应根据研究对象的特点，选择合适的综合评价方法。常用的综合评价方法大体可分为：常规综合评价方法，如综合评分法；统计综合评价方法，如聚类分析法；其他综合评价方法，如模糊综合评价法、层次分析法。通过分析影响水电项目综合开发评价的多种指标因素，查阅学习有关评价方法的文献资料，并参考专家学者的意见后，本书最终选取模糊综合评价法构建抽水蓄能电站综合利用评价的模型，其中选取层次分析法对不同的指标权重进行计算，以提高其正确性。

7.3.2.1 综合评价指标确定方法及步骤

水电项目的区域资源综合评价是一项系统性、复杂性的工程，抽蓄电站工程规模庞大，要求达到的功能多，涉及的外部环境因素广，在进行系统评价时必须从政治、社会、经济和技术等方面综合考虑对项目方案进行定性和定量相结合的综合评价，以为政府决策、投资决策等提供依据。本书选取模糊综合评价法构建指标模型，其中选取层次分析法对不同指标权重进行计算。

模糊综合评价法（fuzzy comprehensive evaluation method）是目前较为流行的综合评价方法，它用模糊数学对受到多种因素制约的事物或对象做出一个总体的评价，其主要特点和优点是：①将定性指标的评价结果定量化，使相关指标的评价结果兼具定性评价方法和定量评价方法的优点；②对由多方面因素所决定的事物进行评价，可以较好地综合对每一因素所做出单独评价而获得对事物的总体评价；③不仅可以对评价对象按综合分制的大小进行评价和排序，而且还可以根据模糊评价的值，按照隶属度评定对象所属的等级。

模糊综合评价法的基本原理是：首先确定被评价对象的指标集和评判集，再分别确定各个因素的权重及它们的隶属度向量经过模糊变换得到模糊评判矩阵，最后把模糊评判矩阵与因素的权重向量进行模糊运算并进行归一化，得到模糊综合评价结果集，由此构成一个综合评价模型。设综合评价模型为（U，V，R，Q），其中 U 为评价指标集，V 为评判集，R 为评价矩阵，Q 为权重集。

模糊综合评价法适用于多因素多层次的复杂问题的评判，其评价过程可以循环，分为单层模糊综合评价和多层模糊综合评价，本书研究目标指标层因素较多，采用多层次模糊综合评价法。具体步骤如下：

（1）设评判对象为 P。在本书研究中即对综合开发评价体系中的“政策法令”“区域经济”“社会文化”“生态环境”“工程技术”五个模块的评价。

（2）确定评价对象的评价指标集（即评价因素集）$U=(u_1, u_2, \cdots, u_n)$。在本书研究中即为上述五个评价模块中的评价指标。

（3）确定评判等级集 $V=(v_1, v_2, \cdots, v_m)$，$m$ 个评价集。在本书研究中将对每个评价因子采用“1–9 比率标度法”评分标准进行评价标准设计。

（4）确定评价指标的权重集 $A=(a_1, a_2, \cdots, a_m)$。选取层次分析法确定评价指标的权向量。由于指标集中各指标的重要程度不同，所以要对各指标根据其重要程度分别赋予相应的权数。权重向量 A 中的元素 a_i 本质上是因素 u_i 对模糊子 {u_i 在 U 中的重要性评分} 的隶属度，要求满足 $\sum_{i=1}^{n} a_i=1$。

层次分析法（AHP）是一种定性与定量相结合的多方案或多目标的决策方法，可以将各种评价指标间的差异数值化。层次分析法首先将复杂目标按属性和关系层次化，结构层次一般如图 7.2–1 所示，然后构造判断矩阵进行排序及一致性检验。

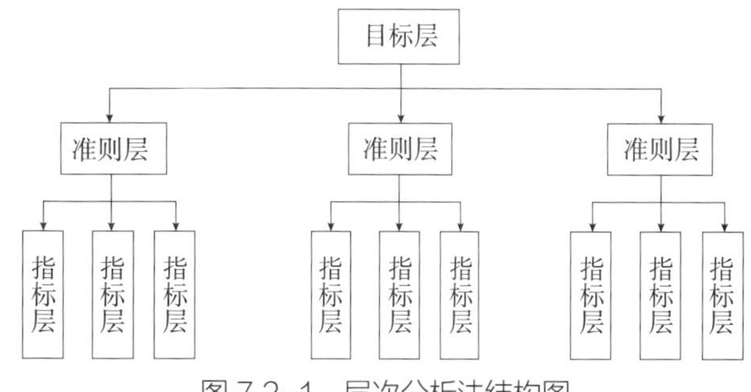

图 7.2–1　层次分析法结构图

（5）建立模糊关系矩阵（隶属度矩阵）R，即对 U 中的每一个因素，根据评判集中的等级指标进行模糊评判，得到评判矩阵 R。其中，r_{ij} 表示 u_i 关于 v_j 的隶属程度，即为每个评价指标的评分。

$$R=\begin{bmatrix} r_{11} & \cdots & r_{1m} \\ \vdots & \ddots & \vdots \\ r_{n1} & \cdots & r_{nm} \end{bmatrix}$$

（6）合成模糊综合评价集 T。根据最大隶属度原则，将 A 与各被评事物的 R 进行合成，得到各被评的模糊综合评价结果向量 T，经归一化后，即可确定对象 P 的评判等级。在本书中，T 即为开发评价各模块的综合评分。

$$T=A*R=\{a_1,\ a_2,\ \cdots,\ a_m\}*=\begin{bmatrix} r_{11} & \cdots & r_{1m} \\ \vdots & \ddots & \vdots \\ r_{n1} & \cdots & r_{nm} \end{bmatrix}(t_1,\ \cdots,\ t_2)$$

本书基于上述模糊综合评价法程序，针对权系数确定中存在的一些问题，来建立抽水蓄能电站工程项目的综合开发评价指标体系。评价指标体系的建立关系到综合评价的结论，建立一个能客观、全面地描述系统特征的综合评价指标体系是科学评价的前提。本书遵循全面性、客观性、互斥性等原则，以确保建立科学合理的评价指标。全面性是指所选指标能反映抽水蓄能电站工程会涉及以及带来的方方面面的影响；客观性是指坚持从实际出发，从以往的工程建设经验及案例中寻找规律，不人为臆断指标；互斥性是指各项指标间的独立性，避免因为过度追求指标体系的全面导致的指标内涵重叠、指标体系冗杂。此外，为了避免指标体系过于繁杂，影响甚微的指标不被纳入评价体系。

7.3.2.2 综合评价指标体系确定

在抽水蓄能电站综合利用评价指标体系构建的系统性、务实性基本原则基础上，本书根据《关于坚决制止电站项目无序建设的意见》《环境影响评价技术导则水利水电工程》《旅游资源分类、调查与评价》等标准文件和现行规范标准，借鉴国内外已有的水电项目开发评价规范和研究成果，从政治、经济、社会、环境和电站工程本身五个方面综合考虑，建立了抽水蓄能电站综合评价指标体系（图 7.2-2）。

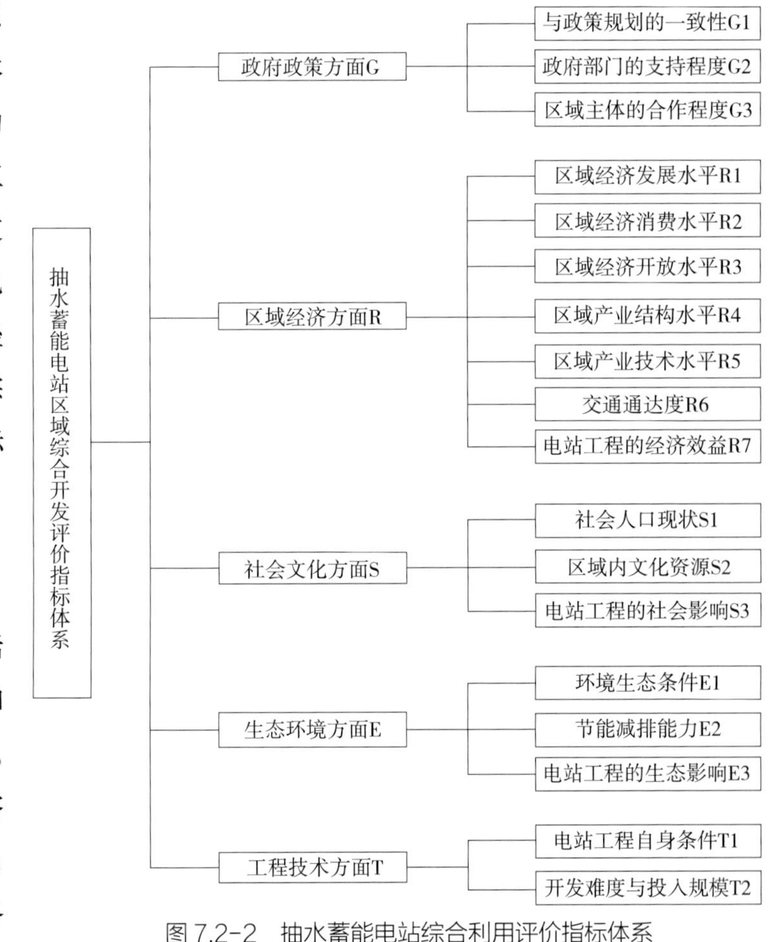

图 7.2-2 抽水蓄能电站综合利用评价指标体系

7.3.2.3 指标体系评分方法

抽水蓄能电站综合利用评价的内容包括政府政策、区域经济、社会文化、生态环境和电站工程 5 个类别的评价内容，37 个评价指标。各指标的评价方法主要分为两种：①专家咨询法，对评价指标进行打分，采用十分制；②统计数据法，按照某区域具体标准，对各指标数据情况进行打分。各评价因素的评价方法如表 7.2-1 所示。

根据抽水蓄能电站综合利用评价指标体系的评估结果，结合抽水蓄能电站的工程特性，本书对抽水蓄能电站综合利用模式的构建分为两个步骤：①可能性评价。根据“政府政策”类别评价指标的得分结果，度量具体抽水蓄能电站综合利用的可能性。该类共含有 4 个评价指标，按照百分制打分，取平均值。若该类别综合均值小于 80 分，则认为该电站工程不能进行综合开发；②可行性评价。若拟开发区域的可能性评价得分高于 80 分，则对其他四类准则层的评价指标进行评价分析，以确定拟开发区域的综合开发条件及方向。

表 7.2-1　抽水蓄能电站综合利用评价指标体系

目标层	准则层	指标层	衡量方法
政府政策方面 G	G1	国家相关政策对水电工程的支持程度	专家咨询
	G2	政府对区域投资基础设施建设完成额（元）	统计数据
		政府对电站区域开发投资占地方财务支出比重（%）	统计数据
	G3	政府平衡参与建设机构各方利益的支持程度	专家咨询
区域经济方面 R	R1	人均 GDP（元）	统计数据
		固定资产投资总额（亿元）	统计数据
		城镇化率（%）	统计数据
	R2	城镇居民家庭人均可自由支配收入（元）	统计数据
		城镇居民家庭恩格尔系数	统计数据
		农村居民家庭恩格尔系数	统计数据
	R3	进出口总额	统计数据
		进出口总额增长率	统计数据
	R4	三大产业比重	统计数据
		第二、三产业固定资产投资比例（%）	统计数据
	R5	高新技术产业比重	统计数据
	R6	万人公交车拥有量	统计数据
		区域内交通道路密度	统计数据
		区域外交通干线情况	统计数据
社会文化方面 S	S1	劳动力人口比重	统计数据
		基尼系数	统计数据
	S2	特殊文化习俗、节庆活动	专家咨询
		历史文化资源（古建筑等）	统计数据
	S3	人口迁移规模与移民安置	统计数据
		居民对项目的态度（参与度、认可度）	调研访谈
生态环境方面 E	E1	规划区绿地率（%）	统计数据
		森林覆盖率（%）	统计数据
		人均公共绿地面积（m^2/ 人）	统计数据
	E2	全年 API 指数优良率	统计数据
		生态环保投入比重（%）	统计数据
		区域单位地区生产总值能耗	统计数据

续表

目标层	准则层	指标层	衡量方法
生态环境方面 E	E3	电站工程建设对原生态环境的破坏程度	专家咨询
		建设期间重大生态环境破坏事件发生数（次）	统计数据
工程技术方面 T	T1	电站工程的装机容量	统计数据
		电站工程的地位	专家咨询
	T2	开发难度与技术水平	专家咨询
		电站工程建设的投入规模	统计数据

数据来源:《中国统计年鉴 2016—2017》，国家统计局公布数据报表，各区域官方统计数据。

7.3.3 指标解释

7.3.3.1 区域经济方面

人均 GDP：将一个地区一年内实现的国内生产总值与户籍人口相除进行计算，得到人均国内生产总值，是衡量人民生活水平的常用标准，是重要的经济指标之一。

固定资产投资总额：是一个地区一年来以货币表现的建造和购置固定资产活动的工作量，它是反映固定资产投资规模、速度、比例关系和使用方向的综合性指标。

城镇化率：用城镇人口占全部人口的百分比来表示，是一个国家或地区经济发展的重要标志，也是衡量一个国家或地区社会组织程度和管理水平的重要标志。

城镇居民家庭人均年可支配收入：指反映居民家庭全部现金收入能用于安排家庭日常生活的那部分收入，是家庭总收入扣除交纳的所得税、个人交纳的社会保障费以及调查户的记账补贴后的收入，反映了一个地区城镇居民的实际购买能力。

农村 / 城镇居民家庭恩格尔系数：是一个地区居民家庭食品支出总额占个人消费支出总额的比重，是家庭消费结构的反映，同时也与家庭收入状况直接相关。

进出口总额增长率：一个地区某年度进口与出口总额与上一年度相比的比值，表明了一个地区经济发展的活力，是区域经济活动活跃程度的反映。

三大产业比重：指第一、第二、第三产业分别占区域 GDP 的比重，代表地区的产业结构。

第二、第三产业固定资产投资比例：是第二产业固定资产投资总额除以第三产业投资总额的比值，反映了区域经济结构的特点，是经济发展质量的重要指标。

高新技术产业比重：指区域高新技术产业占区域全部工业的比重。

万人公交车拥有量：指区域内平均每一万人所拥有的公交车资源，反映域内交通情况。

区域内交通道路密度：指区域内道路网总里程与该区域面积的比值。

7.3.3.2 社会文化层面

劳动力人口比重：指区域内劳动力人口占总人口的比重。

基尼系数：指衡量一个国家或地区居民收入差距的指标，反映社会不平等程度。

移民安置情况：指大型水电项目动工区域涉及的土地安置、就业安置、补偿标准等问题的处理情况。

7.3.3.3 生态环境层面

建成区绿地率：指在规划城市建成区域的绿地面积占整个建成区域的百分比。

森林覆盖率：某一区域拥有森林资源及林地占土地面积的百分比。

人均公共绿化面积：是指公共绿化面积 / 人口数量，是规划区建设用地、绿地系统和公用设施的重要组成部分，是展示城市整体环境水平和居民生活质量的一项重要指标。

全年 API 指数优良率：API 是指空气污染指数，是将常规监测的几种空气污染物浓度简化成为单一的概念性指数值形式，并分级表征空气污染程度和空气质量状况，适合于表示城市的短期空气质量状况和变化趋势。

生态环保投入比重：资源节约和生态环保投入比重指本年度城市行政区划范围内环境污染治理投资占全社会固定投资额的比值。

单位地区生产总值能耗：指衡量一个地区能耗水平的综合指标，通常以万元 GDP 消耗的能源（标准煤）来计算。

7.4 综合利用规划主要方向

根据抽水蓄能电站综合利用评价指标体系的评估结果，结合抽水蓄能电站的工程特性，对于符合综合开发可能性与可行性的抽水蓄能电站，考察综合开发评价指标中后四项类目的综合得分，梳理抽水蓄能电站的自身工程技术及其所在区域的经济、文化、环境等资源禀赋，找出得分值最高的指标类目，以明确电站区域综合开发与发展的核心资源。按照此原则，构建出以下 4 类综合开发驱动要素。

7.4.1 产城融合型：区域经济条件优势突出

该类抽水蓄能电站隶属于抽水蓄能电站综合利用的第一梯队，其所在区域经济条件十分优越，具备区位、资本和市场优势，人均消费水平高，休闲消费需求旺盛。按照国际经验，一个国家人均 GDP 超过 2000 美元之后，整个社会的消费结构将发生很大的变化，休闲需求会急剧增长。我国部分城市已远超过这个收入标准，休闲需求旺盛。一直以来，休闲和度假常被放在一起提及，并有很多人将休闲等同于旅游。实际上，三者并不是一个概念。休闲是一个泛化的概念，它是指人们利用闲暇时间进行的如旅游、度假、文化体育等多种方式的活动。休闲产业则是有关人的休闲活动及休闲需求密切相关的产业领域。休闲产业服务于消费者闲暇时间内基本生活条件以外的需求，一般被看作是第三产业的核心构成，并涵盖了农业、工业中少数服务于人们休闲需求的企业或部门，如农业观光、农事体验、工业科普体验等。

在该类抽水蓄能电站区域，综合开发的核心理念在于充分利用区域内资源，营造休闲空间，构建和整合休闲产业链，以提供多样化的休闲产品与服务，满足区域内人们多层次的休闲需求。首先，对于休闲空间的营造，要充分利用电站区域原始生态环境，进行保护性可持续开发，提供符合区域条件的休闲产品与服务。我国抽水蓄能电站选址多属于生态敏感区域，虽然缺乏工业化发展条件，却因此维持了良好生态环境。以电站区域良好的生态环境，结合区域内现有三大产业基础，可以营造出质量良好的休闲空间，布局相关休闲产业活动。如开发养生疗养、山地体育等“养肺”“修性”的休闲度假活动；结合当地特色农产品，开发农事体验、农业观光等一日游、周末游活动；结合电站工程所具有的科技要素，开发相应科普亲子游体验活动等。

其次，在休闲空间营造及活动设计的过程中，要注意对当地文化资源的挖掘与开发，并将电站工程融入到整个休闲产业链。进入休闲消费时代后，这些地区优美的自然环境及其特色风土人情成为其突出优势，令区域的城市居民向往。这些自然与人文条件优势为该类电站区域发展休闲服务产业提供了条件和基础。如有些电站区域处于少数民族社区，具有独特的民族文化与当地习俗，或者有些电站区域分布有历史文化遗址、建筑遗址等景观，在开发过程中要充分挖掘该类资源，强调文化氛围的营造，赋予区域休闲产品与服务独特的文化体验。

值得注意的是，休闲产品不应“单打独斗”，需有连接以形成一条自成体系的休闲产业链。比如以开发体育运动休闲产品为主的区域，建议辅以开发运动保健衍生产品，设置亲子体育活动区，并积极承办相关体育赛事活动，形成品牌效应。由于休闲活动是由市场决定的，休闲产业价值链的构建必须坚持市场导向原则。要根据消费市场的需求及变化，对休闲产业链进行调整，主要表现为上下游环节的增减。

整体而言，该类电站区域要将休闲产业开发作为引擎，将休闲产业与区域内三大产业相融合，借助综合开发促进泛休闲产业体系的形成，以此撬动区域产业融合与综合发展。休闲文化产业导向下综合开发模式，是着眼于区域经济流通与产业融合的综合性开发，通过休闲文化产业推动全域泛旅游产业集群的形成，进而促进区域综合发展。在开发过程中，一定要规避以旅游作为外衣，纯粹进行房地产开发的误区。

7.4.2 文化特色型：社会文化资源优势突出

该类抽水蓄能电站区域具有较好的区域经济条件，以及优越的文化资源，适宜采用文化产业驱动的区域综合开发模式。2004 年，国家统计局出台了《文化及相关产业分类》，并按照党中央关于文化建设和文化体制改革的要求，将文化及相关产业分类组合成以下三类：文化产业核心层，包括新闻服务、出版发行和版权服务、广播电视电影服务及文化艺术服务；文化产业外围层，包括网络文化服务、文化休闲娱乐服务、其他文化服务；相关文化产业层，指文化用品、设备及相关文化产品的生产和销售。随着我国文化体制改革的深入推进，文化业态不断融合，文化新业态不断涌现，2012 年国家统计局对文化产业及分类进行了修订，取消了层次分类，并将文化产业定义为：以文化为核心内容，为满足社会公众的精神需要而进行的文化产品及其相关产品的生产活动的集合。在全球文化产业发展的大背景下，文化产业开发不但成为了区域发展经济的自发和偶然行为，更成为政府寻找新的经济增长点，调整区域经济发展战略、转变区域经济增长模式的自觉选择。富有区域地方特色的文化资源是区域发展文化产业、进行文化产业开发的基础和动力。

该类抽水蓄能电站的区域具有深厚的历史文化底蕴，文化资源优势是这类抽水蓄能电站区域最大的优势，所以在制定综合开发模式时，重点应考虑在现有区域条件支撑下如何充分发挥文化资源的优势。如何对这些历史文化进行合理开发，将资源优势转变成产业优势是其综合开发的重点，同时也是难点。国家统计局《文化及相关产业分类》中指出，我国文化及相关产业的范围包括：①以文化为核心内容，为直接满足人们的精神需要而进行的创作、制造、传播、展示等文化产品的生产活动；②为实现文化产品生产所必需的辅助生产活动；③作为文化产品实物载体或制作工具的文化用品的生产活动；④为实现文化产品生产所需专用设备的生产活动。根据上述定义界定，本书将文化产业划分为资源型文化产业、创意型文化产业、生产型文化产业三类：①资源型文化产业，即以文化资源为基础，提供文化娱乐和文化服务的产业，主要包括会展、旅游等新兴文化产业；②创意型文化产业，指文化资源整理和内容创作、文化意义本身的生产和再生产、文化产品销售与传播；③生产型文化产业，指以文化产品制造和销售为基础的产业。三大类别相互联系、融会贯通，共同推动一个区域文化产业的发展（图 7.4–1）。

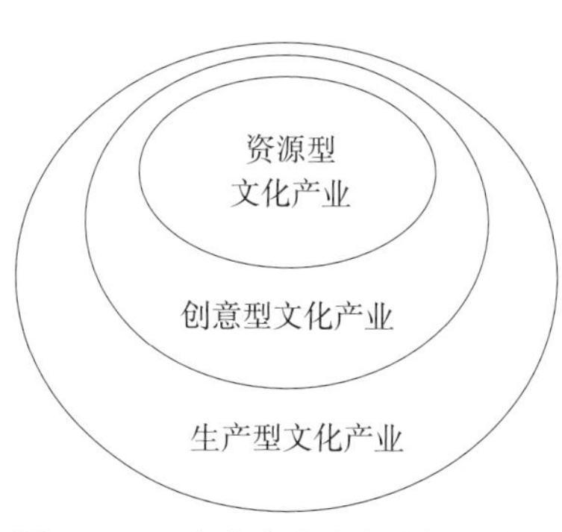

图 7.4–1　文化产业分类构架示意图

以文化产业驱动的抽水蓄能电站综合利用中，开发战略的制定和开发重点的确定都围绕区域突出的文化资源来进行，树立文化资源为王的开发理念，以优势文化资源带动文化产业及相关产业的发展，提升产业质量（图 7.4–2）。首先，要梳理电站工程区域内文化资源的储备，客观地对区域文化资源进行评估，为资源型文化产业的开发与发展奠定基础；其次，要围绕地域特色文化资源，在创意内容产业上下功夫，打造根植于区域本地文化的精品文化项目，通过辐射效应，带动整个地区文化产业的大开发；最后，要时刻关注市场动态，对现有资源型及创意型文化产业的上下游进行延伸，形成结合生产型文化产业的区域文化产业价值链，带动区域大发展。以少数民族文化资源为特色资源的抽水蓄能电站区域为例，首先要对少数民族群落大小、特殊文化习俗、该少数民族在大区域内（如省、市）的文化知名度或熟识度等资源背景进行评估，确定资源型产业的发展方向，开发以少数民族文化为核心的“动态”“静态”文化产品。“动态”产品是指对少数民族的习俗文化、特色餐饮、特殊生活方式、特色节庆活动等动态文化符号的体验；“静态”产品则指民族文化遗产资源以及将习俗文化与自然风光相结合，赋予自然山水特色文化内涵。其次，引入相关文化创意企业或团队入驻，结合电站工程与少数民族文化符号进行文化创意设计，包括电站工程外观表现形式、区域景观设计、基础设施形象设计等方面，促进创意型文化产业的发展。有了一定文化产业基础之后，大力深层次开发民族文化传统手工业产品。在该过程中要强调社区参与的重要性，把手工业品的开发与生产作为区域乡村文化产业发展的主要形式，同时也是增加社区收入、促进区域城镇化进程的重要途径。

这类抽水蓄能电站地区虽然具有独特的文化资源，但因为在某些方面具有较大的局限性，使得资源优势无法发挥，比如区位条件。因此，政府的作用极其重要。首先，政府要做好前期工作，在基础设施、产业环境上加大投入，营造良好的招商引资氛围与条件，奠定文化产业发展的基础；然后，政府需要制定相关政策进行引导，吸引与当地文化资源相关的文化创意企业或团队的进入，以展开构建区域文化产业价值链。同时，政府要积极协调企业与社区的关系，形成支持且利于社区参与的有效机制，让区域当地文化“生于当地”且“深于当地”，规避边缘化当地百姓的“虚无”文化产业。

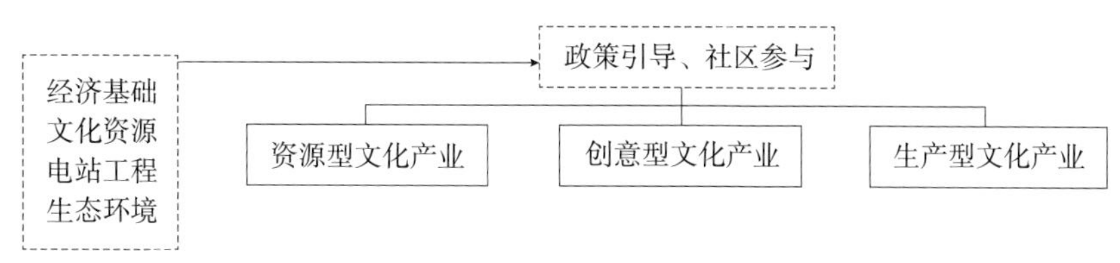

图 7.4–2　文化产业驱动型抽水蓄能电站综合利用模式图

7.4.3 康养度假型：生态环境资源优势突出

该类抽水蓄能电站区域具有较好的区域经济条件，以及优越的生态环境。结合区域的突出生态资源，以及当前社会对康养产品的市场需求，本书指出在该类抽水蓄能电站区域采用康养产业驱动的综合开发模式，建成“康养小镇”。

如今，健康养生成为当今社会的热门话题。一方面，我国人口老龄化日趋严峻，银发产业前景广阔，潜力巨大。根据相关预测分析，我国已进入快速老龄化时代，未来老年人口数量甚至将达到少儿人口的两倍，这将使我国对养老、医疗等产生更大的需求。另一方面，随着社会发展和人们生活水平的提高，人们的健康意识逐渐增强。尤其对于城市中产阶层，高强度的体力、脑力劳动让他们普遍存在“亚健康”问题，健康、养生需求势必会成为人们未来的主流需求。2016 年国务院印发的《“健康中国 2030”规划纲要》，把健康推向一个新的高度，提出建设“健康中国”，为健康产业的发展提供了有力支持。综合社会需求、经济能力、闲暇时间等因素来看，中老年人是康养产品的主要需求群体。

新时期、新形势下，我国特色小镇建设遍地开花，形成多主题、个性化的特色小镇发展格局。康养小镇是指以“健康”为开发的出发点和归宿点，以健康产业为核心，将健康、养生、养老、休闲、旅游等多元化功能融为一体形成的特色小镇。我国已形成一些成功的康养小镇建设案例，可大致分为 5 种开发类型：①依托宗教文化养生型，一般分布在旅游景区或景区周边，有悠久的历史和文化基础，如武当山太极湖生态文化旅游区；②温泉养生型，依托温泉这一独特的“天然”养生资源，形成温泉养生特色小镇，如湖南宁乡灰汤温泉小镇；③医养结合型，依托医药产业、医药文化推动养生产业发展，如江苏大泗镇中药养生小镇；④生态养生型，一般分布在生态休闲旅游景区或自然生态环境较好的区域，如浙江平水养生小镇；⑤养老小镇型，面向拥有较强经济实力的老年群体打造的，以医疗护理为主要功能的养老小镇，如浙江绿城乌镇雅园。

借鉴已有康养小镇开发经验，基于该类抽水蓄能电站区域内，较大面积的优越生态环境资源，本书提出以健康养生、运动休闲为核心，以“养肺森呼吸”为主题的“康养小镇”综合开发模式，形成区域康养大产业（图 7.4–3）。康养小镇不同于一般的特色小镇，它的功能性更强，对生态环境的要求也更高。所以在开发过程中，首先要求加强对抽水蓄能电站区域生态环境的保护，以及生态修复工程建设，确保区域康养产业的开发与可持续。其次，要加强对康养产业业态的打造，积极培育和引进养生养老项目，并做好相关产业建设。如开发生态休闲度假产品时要注重对度假设施的建设，如度假民宿、度假酒店；开发中医药养生度假产品可结合当地农林资源发展相关养生产品养生产业，如中医药，拓展产品链的同时更好地让综合开发惠及当地百姓。同时，基于抽水蓄能电站区域的山水资源特点，要积极开发与发展山地体育运动项目，如山地远足、森林瑜伽、山地马拉松、滑雪等，打造“养肺”养生运动品牌，丰富健康养生类产品，强化区域的康养主题，进行多元化产业开发。

值得注意的是，在该类综合开发模式下，除了要时刻注意生态环境保护外，一定要针对区域资源、区位等实际情况，聚焦于某一主题，坚持市场化开发原则进行上下游的产业链延伸。如对于区位条件较好，且生态环境不那么脆弱的抽水蓄能电站区域，可以以“养肺”山地运动为主题，并补充开发运动康复与理疗等相关产品，并积极引进相关体育赛事打响名气，塑造品牌。切忌以牺牲生态环境为代价进行过度开发，以及盲目泛化开发。

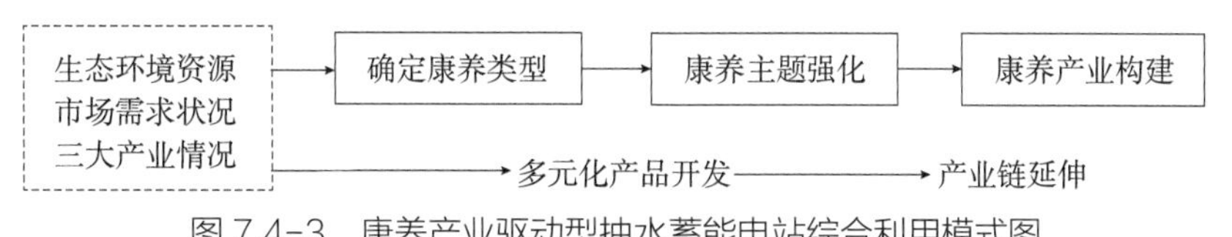

图 7.4-3　康养产业驱动型抽水蓄能电站综合利用模式图

7.4.4　工业研学型：工程自身条件优势突出

该类抽水蓄能电站具有突出的电站工程优势，电站工程在所处大区域范围内地位重要、功能显著。本书提出对该类型抽水蓄能电站区域采用以工业科普旅游、创新园区集聚为核心的，以科创产业驱动的综合开发模式。

我国工业旅游起步较晚，但随着工业产业结构的调整和旅游业的蓬勃发展，工业旅游在我国逐步开展起来，发展劲头较为强劲。数据显示，2016 年我国工业旅游年接待游客 1.4 亿人次，旅游收入 213 亿元，成为我国旅游产业发展的一道新亮点。工业旅游发展在国家政策上一直处于利好态势。2015 年国务院办公厅颁布的《关于进一步促进旅游投资和消费的若干意见》中就明确指出，鼓励大型公共设施、工矿企业等开展研学旅行活动；2016 年 11 月，国家旅游局发布《全国工业旅游发展纲要（2016—2025 年）（征求意见稿）》，提出在我国拟建一批工业旅游示范点；近期，国家陆续出台了《全国工业旅游创新发展三年行动方案（2018—2020）》《国家工业旅游示范基地规范与评价》等政策与行业标准，为我国全国工业旅游发展制定规划、指明方向。

按照资源性质、产品形式等的不同，工业旅游可以分成观光、体验、科普等几大类别。其中，科普类工业旅游产品是指以科技文化为主题，以某一领域或行业的先进技术、生产工艺和领先的产品与科研成果为载体开发的具有科普教育功能的旅游产品。抽水蓄能电站是一项宏伟的工程，其工程本身就是一道震撼、壮丽的风景。其中，广州抽水蓄能电站就属于首批全国工业旅游示范点。该类电站区域可以依托电站工程优势，严格按照国家颁布的相关行业标准与规范进行开发建设，发展以水电工程、抽蓄技术为核心的工业科普旅游，充分发挥电站工程的教育、科普与技术展示的特殊功能。

在该类抽水蓄能电站的区域旅游综合开发中，工业科技既是区域提供的一种特殊产品要素，同时也是区域的发展理念（图 7.4-4）。从产品角度看，工业科普旅游是指以旅游活动为载体，在其中增加科普教育含量，寓教于游。从产品内容而言，该类区域要以电站工程中的科学技术要素和成分为基础，结合区域内自然和人文资源，进行合理科学规划设计，形成集科普、生产制造、体验娱乐为一体的系列旅游活动或产品。同时，产品形式上也要反映科技元素，打造“智慧”工业科普旅游产品，如核心抽水蓄能电站技术展示区不能参观，可通过 VR 等形式进行展示，提升游客体验。从发展理念上看，该类抽水蓄能电站区域要树立工业科技“立足”“兴域”的发展理念，以抽水蓄能技术为基础，围绕水、电等科技要素，通过制定优惠政策，吸引相关科技创业团队、企业或科研机构入驻，在电站区域形成一片以水、电为主题的新兴科技创新产业园区。通过科技产

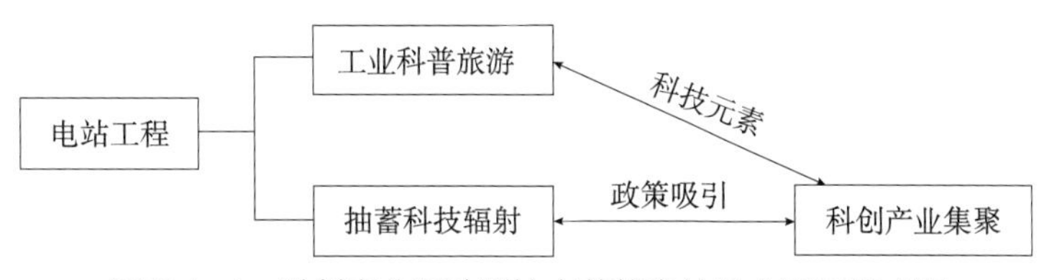

图 7.4-4　科创产业驱动型抽水蓄能电站综合利用模式图

业集聚，有利于全面推进区域转方式、调结构、创效益，提升区域综合竞争力，增强区域产业发展的后劲。此外，多元素科技产业在此发展集聚，可以“反哺”区域内工业科普旅游，促进其“智慧化”发展。

7.5 综合开发建议

抽水蓄能电站建成后环境优美，形成上水库、下水库、上下水库连接公路以及业主营地等多个区域。根据确定的资源综合利用方向对各个场地进行综合开发规划设计，一般抽水蓄能电站内各类场地综合开发建议见表 7.5–1。

表 7.5–1 抽水蓄能电站内各类场地综合开发建议

位置	内容	现状功能	性质	远期资源综合开发应用建议
电站入口及营地建设区	业主营地	业主管理办公	永久	作为电站指挥调度管理的关键一环，建议远期开发中注重以电站安全运营为主，能够形成独立的空间
	承包商营地及机电设备区	主要为施工方以及技术管理人员办公生活区	永久 + 临时	将临时建筑进行建筑外立面整治和空间功能转换，可改造成综合服务中心
	机械修配厂、临时性仓库、停车场、混凝土预制场、钢管加工厂等	电站进场建设相关配套服务设施	临时	作综合开发的服务接待中心，满足交通转换换乘，停车、住宿、餐饮等服务功能
上下水库连接公路	临时通道或办公场地	电站建设工程当中产生部分开挖或堆渣	临时	相对独立安静的环境，可考虑针对高端要求旅游人群
	沿公路两侧山体开挖面		永久	以覆绿修复为主，在部分视野开阔地，可考虑以文化墙的形式反映电站的建设及建设者的精神面貌
	沿路临时渣场		临时	以覆绿修复为主，归还地方
下水库综合区	临时施工场地	建设临时场地	临时	小型的观景休憩场所
	启闭机房开关站	电站下水库进出水管理用房	永久	改造装饰成工业和休闲相结合的现代建筑
	沟渣场机电设备堆放场	电站建设临时渣场及临时施工场地	临时	改造成下水库综合服务接待中心
	沟料场		临时	打造成沟谷野营探险的场地，满足露宿集散要求，同时，设置必要的拓展训练项目及设施，形成探险、拓展主题
	混凝土系统 / 砂石加工系统 / 钢管加工厂 / 表土堆放场		临时	
	渣场及临时施工场地		临时	形成湿地生物观察站以及垂钓中心
上水库综合区	施工营地 / 混凝土生产系统 / 综合加工厂 / 垫层加工系统 / 机械设备停放场	上水库施工期间的临时渣场、设备摆放地以及施工人员的进驻地	临时	与综合开发利用主题相结合，打造上水库主体功能区，设置必要的设施和场地，比如骑行绿道、纪念公园、滑雪场以及必要的工业科普展示中心
	渣场 / 表土堆放区		临时	
	上水库面板堆石坝	上水库大坝坝体	永久	将大坝功能、绿化与主题相结合，以图案或文字形成大地景观
	上水库启闭机房开关站	上水库电站进出水口管理建筑	永久	装饰、美化，将功能性建筑与旅游景观类建筑相结合

7.6 展望

“碳达峰、碳中和”的提出，将为新能源带来跨越式的发展，然而新能源发电具有波动性和间歇性，对配置储能及电网侧的储能有较高需求，且需要大规模调峰能力协调新能源入网。而抽水蓄能作为大规模储能方式，不仅能够弥补电力系统调峰能力不足的缺陷，亦可协调发电和负荷之间时空不匹配的优良手段，抽水蓄能电站将迎来新一轮发展。未来抽水蓄能电站的发展趋向于融入新技术进行电站建设与运营管理的优化，通过加强各部门单位间的协调合作，同时提升抽蓄电站的生态与经济效益，逐步实现具有智慧科技、绿色低碳、开放共享特征的未来电站。

7.6.1 智慧科技

抽蓄电站的发展要求是更为智慧化的建设流程和更为高效的运营管理，智慧电站将成为趋势。随着实地测量与数据整合等技术手段的完善，通过场地与设备数据的录入与整合，将可实现从场地建设到电站运营全过程的数字化，达到数字孪生。

电站的数字化与智慧化技术主要体现在建设期与电站运营期。电站建设期，运用三维倾斜摄影、空间地理信息集成、BIM/LIM 三维模型等新一代信息技术，提升电站规划、建设、管理全过程的效率，通过设计方案及施工组织优化减少建设期的资源浪费。引入智慧工地管理系统、智慧环境监测系统，规范工地管理，提高施工安全。

电站运营管理上，充分发挥数字技术的支撑作用，智能化建设、精细化管理，利用数字化手段提升运营管理效率，通过视频监控、智能感知、智能综合管理平台等手段实时监测电站设备运行参数，进行定时控制，或在远端能够对设备进行人工干预，随时调整运行策略，真正实现无人值守，少人值班，达到现场自动化，运营精益化管控目的，降低了用能成本，以数字技术的支撑实现电站的智慧赋能。

7.6.2 绿色低碳

为响应绿色发展目标，需从全生命周期加强节能减排及增加生态碳汇两方面着手：

加强节能减排方面，在电站建设期，通过 LIM 技术，加强设计施工管理全过程优化，减少资源浪费，另外，在建设用材上，增加砾石、金属等可重复利用的建设材料及木材、竹材等可再生材料的比例，推广使用环保节能装备和产品，全面推行绿色建筑，实现减污降碳协同效应。电站运营期间，引入智慧能源综合管理平台，通过能耗监测及数据分析，提升用能效率，降低电站运行能耗。另外，建设林火预警监控系统及林火远程视频监控点，建立由预警中心、森林火险要素监测站和可燃物因子采集站构成的森林火险预警体系，加强火险天气、火险等级和林火行为等预报，制定预警响应机制，实现科学防火，避免林火碳排放。

增加生态碳汇方面，加强电站覆绿植被措施，增加乔灌草多层搭配形式，提升电站范围生态系统碳汇能力；利用渣场、料场等利用率较低的大型场地，结合林场覆绿增加森林面积作为可循环材料储备，助力绿色低碳发展建设。

7.6.3 开放共享

抽水蓄能电站多位于群山之中，具有宏伟的工业主体及优美的湖光山色并存的特点。一些电站选址于景区之中，也为电站带来了得天独厚的资源优势。然而，当前抽水蓄能电站大多为封闭管理，因而存在湖岸风光虽好却无人欣赏，场地缺乏养护打理而日渐荒芜的情况。未来抽蓄电站运营期可考虑多产业协同发展，充分利用优良的自然与工业资源，在保证电站正常运营的情况下，加强对闲置场地的开发利用。

当前，少数抽蓄电站进行了电站运营与旅游产业结合的实践，收到了较好的成效，如安吉天荒坪抽蓄电站，结合周边山体资源，与竹海、灵峰三个景区共同组成了天荒坪风景名胜区。天荒坪电站开放了部分厂房，科普内容直观易懂，受到众多游客的欢迎，上水库“天池”海拔较高，在当地亦是优良的避暑地。由于电站及周边风景资源十分丰富，类型多样，自然人文景观相得益彰，天荒坪电站成为了远近闻名的旅游目的地。天台桐柏抽蓄电站位于大琼台景区中，上水库“金庭湖”周围有多户农家傍水而居，道教南宗祖庭桐柏宫也坐落于金庭湖湖边。近年来，金庭湖环湖绿道贯通，不仅优化了周边居民的生活环境，更为当地旅游业的发展提供助力。电站结合产业的开放运营开创了互利共赢的新局面。

借鉴当前抽蓄电站旅游开发思路，总结以下开放发展路径：

（1）生态观光：开放湖岸场地，贯通环湖步道，沿线设置观景平台、集散广场等游憩、休闲空间，完善坐凳、停车位等配套设施，营造风光宜人、便捷舒适的游览环境。

（2）科普教育：利用水库周边渣场、料场等区域设置电站科普展示园，开放部分厂房，配备科普展示牌及讲解员，对游客及单位、学校的参观考察人员提供科普教育服务。

（3）产业融合：利用管理用房等建筑，引入民宿、农家乐等业态；利用渣场等闲置场地打造房车基地、果蔬采摘园等，丰富水库周边的活动体验，为游客“留下来”提供支持。

（4）记忆传承：电站环境设计宜传承场地记忆，如原始场地为满山杜鹃，则电站建成后可恢复成规模的杜鹃景观。电站建筑也宜融入当地传统建筑风格，展现各个区域文化特色，作为当地文化传承与展示的窗口。

顺应绿色低碳高质量发展要求，抽水蓄能电站面临着新一轮的快速发展，而风景园林在抽水蓄能电站建设中扮演的角色已不仅是简单的覆绿美化，而是与电站的运营与发展一道迈向更为智慧化、低碳化、高效化、产业化的新时代。

案例篇

ANLI PIAN

8 实践案例

8.1 案例1：浙江仙居抽水蓄能电站工程环境设计

项目地点：浙江省台州市仙居县

设计时间：2010—2016年

建成时间：2016年

8.1.1 项目概况

仙居抽水蓄能电站位于浙江省仙居县湫山乡境内，距仙居县城50km。电站由上水库、输水系统、地下厂房、地面开关站及下水库等建筑物组成。地下厂房内安装四台单机容量为375MW的混流可逆式水轮发电机组，总装机容量为1500MW（4×375MW）。上水库由一座主坝和一座副坝组成，主、副坝均为混凝土面板堆石坝，最大坝高分别为86.70m和59.70m，上水库总库容约1294万m^3；下水库利用已建的下岸水库，总库容约1.35亿m^3。电站属大（1）型一等工程，主要永久性建筑物按1级建筑物设计，次要永久性建筑物按3级建筑物设计。电站对外交通便利，距台州、金华公路里程分别为136km、138km。

仙居抽水蓄能电站从2002年开始谋划，2004年开展可研工作。整个项目经过多方努力，在2010年1月获得国务院办公厅会议核准通过。项目于2010年12月17日开工建设，2016年12月17日电站全面投产，是当时国内单机容量最大的抽水蓄能电站。

2007年中国共产党第十七次全国代表大会将“建设生态文明”列入全面建设小康社会奋斗目标的新要求，并作出战略部署。2012年中国共产党第十八次全国代表大会强调将生态文明建设放在突出地位，融入经济建设、政治建设、文化建设、社会建设各方面，并提出了“美丽中国”建设目标。浙江仙居抽水蓄能电站作为国家重点工程，是名副其实的清洁能源工程。工程建设始终践行生态文明理念，在工程建设各个环节重视生态环境保护，最大限度减少和降低工程建设对生态环境的影响。

随着国家水利风景区建设实践和行业发展的深入推进，水利风景区建设由数量扩张转向质量提升。水利风景区的社会、经济、文化和生态影响力日渐提高，对地方经济带来重要影响。水利风景区品牌质量提升成为国家水利风景区发展和管理的核心议题。2010年水利部发布《水利风景区规划编制导则》（SL 471—2010），用以指导各地编制水利风景区发展规划。浙江仙居抽水蓄能电站紧邻神仙居景区，根据仙居县旅游总体规划布局，电站作为区域旅游的一个重要景点，对电站的环境建设提出了更高的要求，打造“生态型、现代化、园林式”的风景电站已成为电站工程建设的又一重要目标。

8.1.2 环境设计

8.1.2.1 环境设计思路

浙江仙居抽水蓄能电站工程作为国家级重点工程，在2010年获得核准并开工，当时国内抽水蓄能电站建设正处于快速发展期。电站工程建设在可研时期已经编制了生态环境影响报告，在符合国家有关规范标准的基础上，通过多样化的举措确保生态环境影响降到最低。与此同时，随着国内生态文明建设和国家水利风景区建设不断推进，仙居抽水蓄能电站迎来了一个新的挑战，也面临着一次重要的发展机遇。浙江仙居抽水蓄能电站在之前抽水蓄能电站只关注电站工程和生态修复层面基础上寻求突破，结合当时的时代背景，第一次提出“基于生态环境保护和修复，强化景观空间功能营造，协调电站未来景区化发展”的思路，也是第一次系统性地对抽水蓄能电站的环境进行顶层设计（图 8.1–1）。

8.1.2.2 具体方案

（1）总体布置

浙江仙居抽水蓄能电站环境设计以电站主体功能布局为基础。根据工程布局特点，综合考虑电站景观空间功能需求以及未来电站景区化发展需要。提出“一带，两心，多点”的总体环境空间布局（图 8.1–2、图 8.1–3）。“一带”即上下水库连接公路观景带，“两心”即业主营地综合游憩中心和上水库风景观光中心，“多点”即电站众多观景节点。

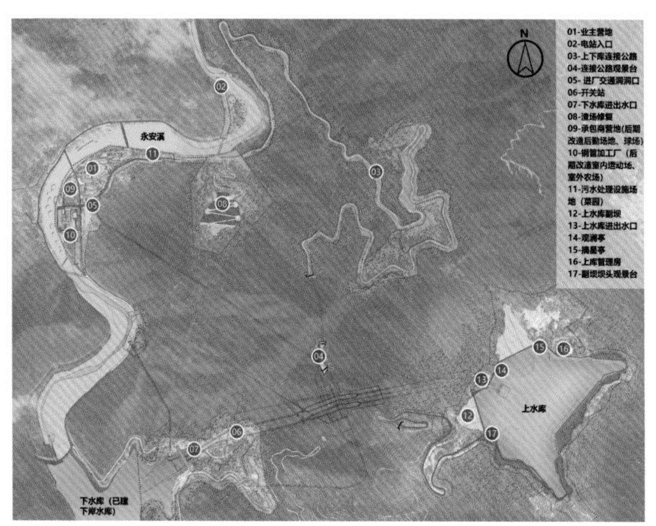

图 8.1–1 电站总体环境设计节点布置图

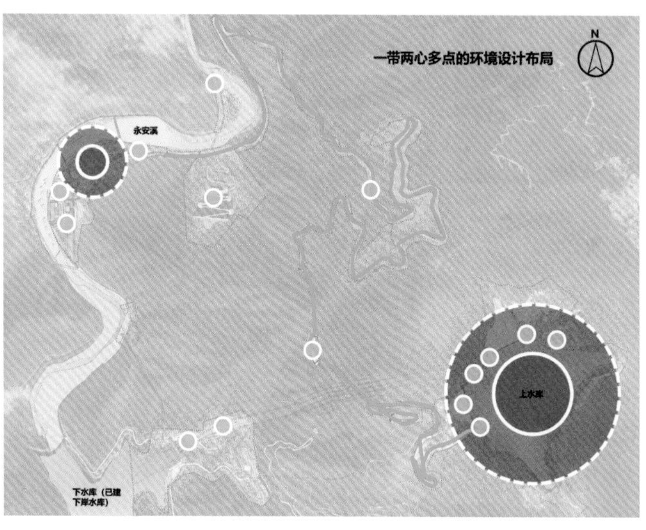

图 8.1–2 电站总体环境设计布局图

图 8.1–3 电站实景鸟瞰图

（2）业主营地环境设计

业主营地在建设期作为业主、设计、监理等参建单位的现场办公、生活、活动场地，在运营期作为业主方的办公、生活、活动场地。综合考虑电站营地实际建筑功能需求，在营地内设置办公楼、食堂、宿舍楼、设代监理办公及宿舍楼、招待所、中控楼等建筑，各个建筑根据功能特点合理地形成组团化布置（图 8.1–4）。整个环境设计利用建筑布置形成的围合式布局，打造“一轴、三区、多点”环境设计结构（图 8.1–5）。“一轴”以办公楼中轴线为环境景观空间主轴，“三区”即北侧面山展示区、南侧临湖观景区以及内部山水游憩区，“多点”即通过环境设计形成星月湖、星月广场、健身场地、活力球场、映樟潭、观溪步道、忘归亭、文化长廊等主要景点（图 8.1–6、图 8.1–7）。

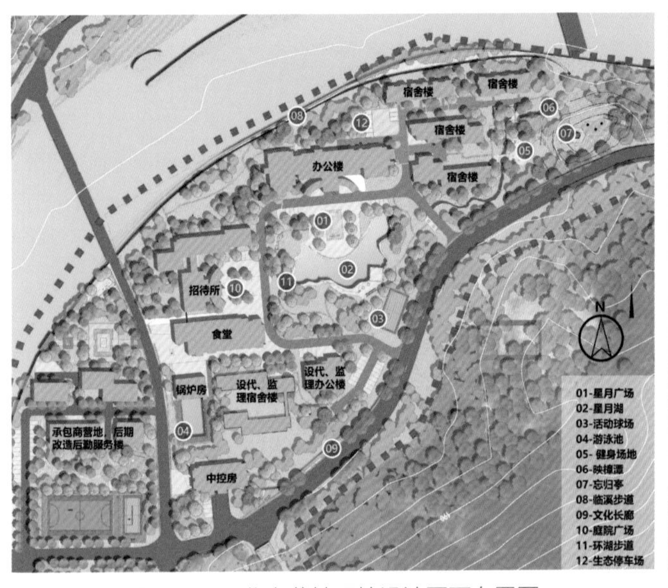

图 8.1–4　业主营地环境设计平面布置图

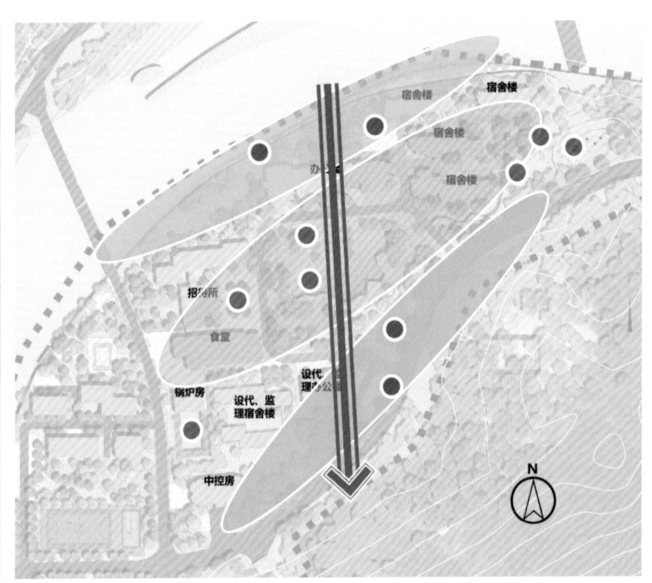

图 8.1–5　业主营地环境设计布局图

图 8.1–6（一）业主营地实景图

图 8.1-6（二） 业主营地实景图

（3）上水库环境设计

电站上水库由主坝、副坝、进出水口（启闭机房）、环库公路等主体工程组成。环境设计对环库边坡有条件部分进行边坡覆绿，采用上爬下挂的形式，利用道路碎落台或马道种植槽等栽植爬山虎、油麻藤、云南黄馨等藤本植物，形成坡面绿化修复（图 8.1–8）。并对两个坝体外侧边坡进行植草覆绿，其中副坝外侧坝坡处于视觉景观较强敏感区，可在下水库被看到，因此在坝体坡面设置了企业标识植物字体，体现电站企业形象（图 8.1–9）。同时利用库岸公路沿线场地选取三处半岛进行观景空间设计，形成副坝坝头观景广场、主坝左坝头观澜亭、主坝右坝头摘星亭三大景点。其中副坝坝头观景广场作为进入上水库的第一入口，设置宣传橱窗和标志性景石，该景点在施工期作为上水库工程的观礼台和监测平台使用，是电站永临结合的样板。

图 8.1-7 进厂交通洞洞口建筑实景图

上水库在环境设计时考虑电站未来景区化发展需要，利用上水库北侧施工平地，将电站上水库管理房进行永临结合设计，电站建设期和运营期初期作为上水库管理用房，远期预留对外接待服务功能。建筑采用“回”字形造型，形成内庭空间，同时设计庭院花园、造型消防水池（远期可以改造成露天泳池），室外吧台、观景广场、游憩园路等。

图 8.1-8　上水库环境设计效果图

图 8.1-9　上水库实景鸟瞰图

图 8.1-10　下水库实景图

（4）下水库环境设计

电站下水库为已建下岸水库，位于永安溪的上游，水库现状环境较好（图 8.1-10）。下水库主要有进出水口（启闭机房）、开关站等主体工程。环境设计主要通过植物措施将主体工程对周边的环境造成的影响降到最小，针对边坡在坡脚碎落台栽植植物，形成上爬植物，并在平坦的场地，如开关站区域进行植物造景。

（5）场内道路环境设计

场内道路主要有进场公路、上下水库连接公路、至下水库道路等。场内道路环境设计以恢复路侧生态为基础，通过路侧碎落台种植槽进行生态覆绿，主要栽植紫薇、红叶李、云南黄馨、迎春花、爬山虎等植物。并对路侧相对平整的场地进行多样化的植物栽植，形成自然化的植物空间。选取上下水库连接公路中段视线较好区域设置观景挑台一处，可俯瞰下水库美景（图 8.1-11、图 8.1-12）。在进场道路起点处设置电站入口节点（图 8.1-13），考虑电站远期景区化发展需要，将下水库管理房功能与游客服务中心功能结合设计。此外，为体现电站的入口形象，设置“仙”字电站标识铭牌，体现地域文化。

图8.1-11　上下水库连接公路路侧观景台实景图

图8.1-12　上下水库连接公路观景台视野实景图

8.1.3　总结

仙居抽水蓄能电站环境设计是国内首个开展系统性环境设计的电站，提出打造生态化、园林式、现代型电站环境。以电站生态环境保护和修复为环境设计基础，考虑各类景观空间需求，比较系统地营造出功能布局合理、舒适宜人的业主营地办公生活空间。同时考虑电站未来景区化发展需求，设置相关匹配景区化发展的配套服务设施，如电站入口和上水库管理房。在具体的设计中亦打破传统设计进行创新，如国内抽蓄首创在坝坡进行框格梁覆土后营造植物字体，以及对进厂交通洞口进行建筑化入口的装饰设计等。

图8.1-13　电站入口实景图

8.2 案例 2：安徽绩溪抽水蓄能电站工程环境设计

项目地点：安徽省宣城市绩溪县

设计时间：2012—2022 年

建成时间：2022 年

8.2.1 项目概况

安徽绩溪抽水蓄能电站位于安徽省绩溪县伏岭镇境内，地处皖南山区，距绩溪县城公路里程约 29km，为日调节抽水蓄能电站。电站靠近皖江城市带，距合肥、南京、上海直线距离分别为 240km、210km、280km，建成后将主要服务于华东电网（安徽、江苏、上海），承担电力系统调峰、填谷、调频、调相及紧急事故备用。电站上水库有效库容 867 万 m^3；下水库有效库容 903 万 m^3，电站装机容量 1800MW（6×300MW）。

绩溪抽蓄电站是在党的十八大报告首次提出“美丽中国”的概念背景下建设的，“美丽中国”概念体现了美学、生态学和社会学等多学科交融，是学术概念与治国理念的高度统一，是时代趋势、人民呼声与集体智慧的统一。同时，绩溪抽蓄电站是《国家能源科技“十二五”规划》中的重点工程，是安徽省最大的能源投资项目，流域面积达 7.8km^2，分上下两层水库，装机容量 1800 万 kW，超过了目前安徽省已有、在建的抽水蓄能电站装机容量的总和，建成后对保障安徽省和华东电网安全、稳定运行，促进安徽绿色发展和加速崛起具有十分重要的意义。

8.2.2 环境设计

8.2.2.1 规划设计思路

绩溪抽蓄电站所在的绩溪县是资源大县，全县已初步形成“一城两线、五大板块”的格局（县城、东线绩溪岭南、西线绩溪岭北、伏岭板块、龙川景区的宗祠文化生态板块、清凉峰的生态板块、小九华的佛教文化板块、上庄景区的岭北文化板块）。绩溪抽蓄电站作为宣城—绩溪—黄山这条黄金游线的中间桥梁，起到了承上启下的重要作用，其自身独特的资源和工业景观特点将会成为这条线路的一大亮点。

绩溪从地缘政治上讲，是徽文化的核心地带；从历史渊源上看，又是徽文化孕育发展的有机整体，徽文化中充满了闪熠的“绩溪元素”：徽商、徽墨、徽菜、徽戏、徽雕等，历史遗存烘托出深邃厚重的徽文化内涵，凸显“人文绩溪、生态绩溪”的地方特色。绩溪拥有“名人故里、文化名城、徽菜之乡”等多张城市名片，规划设计通过对徽墨、徽菜、徽剧、徽派建筑、徽商精神等诸多徽文化元素的浓缩提炼（图 8.2-1），将其运用表现在抽蓄电站建筑物和景观节点的具体设计之中，以传承安徽纯正厚重的历史文化，展示徽文化不断向前发展的特质，将电站建设成“徽文化展览馆电站”，使之呈现出一幅“山青水绿生态优，粉墙黛瓦徽迹浓”的徽墨山水画意境空间。

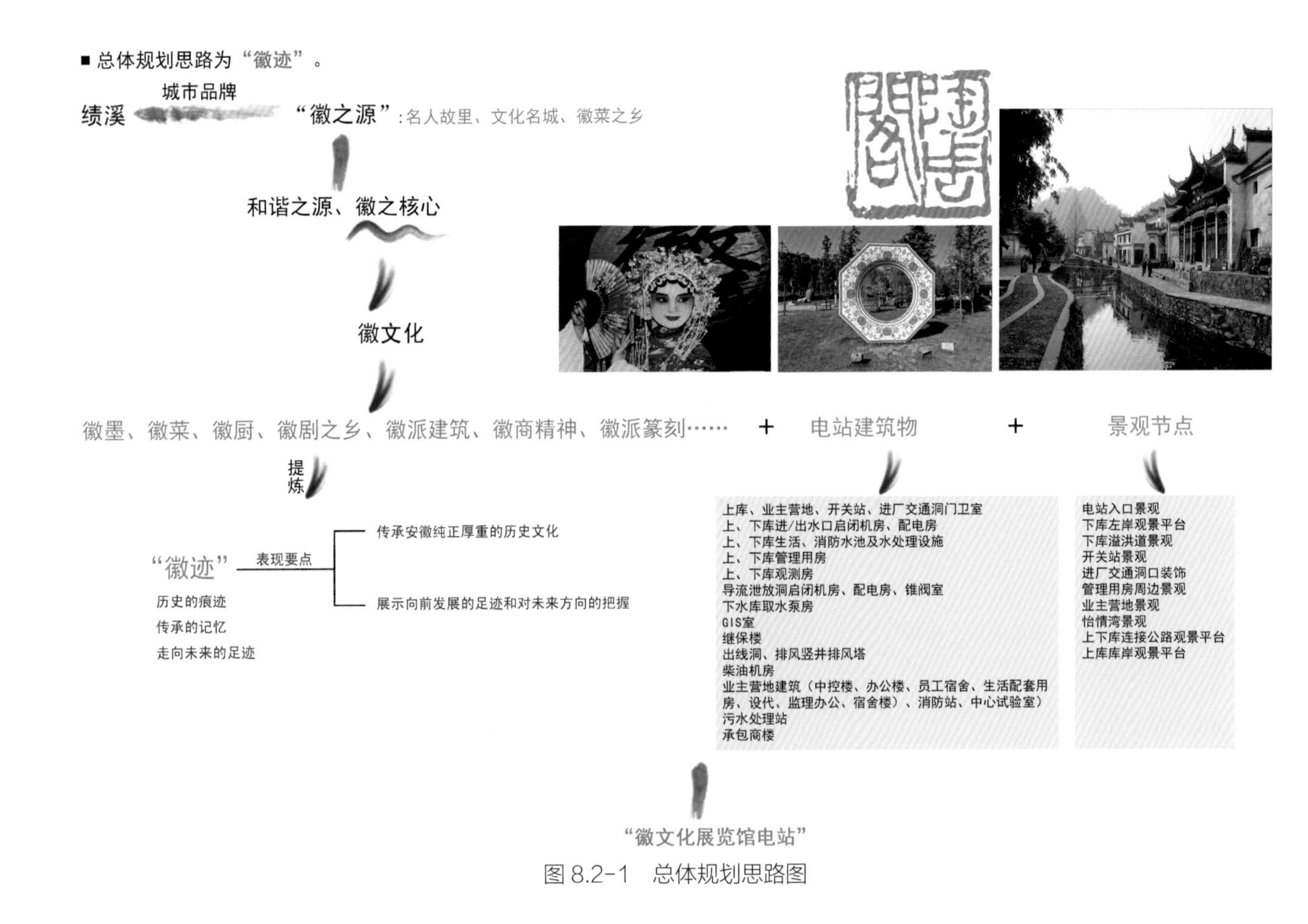

图 8.2-1 总体规划思路图

8.2.2.2 具体方案

（1）总体布置

在绩溪抽蓄生态环境规划中，以永久征地范围为基准进行景观设计，对临时用地以生态修复为主，强调景观生态安全格局与景观塑造相结合，使电站工程融入到当地地域文化之中。通过对绩溪电站所处地域文化的挖掘和分析，形成"一带两区，三玄多极"的景观格局。"一带"即上下水库连接公路景观带，景观主要以道路绿化、隧道美化以及观景平台设计为主。"两区"即上水库景观区和下水库景观区。"三玄"即整个电站的景观节点空间，分为三类进行打造：天——主要指自然景观点，是电站区域内的自然山水景观点，景观的打造手法以保护利用为主；地——主要指电站主体工程景观点，如大坝、启闭机、交通洞、开关站、进出水口等，进行当地文化的装饰，使其融入到周边环境中；人——主要指人文景观点，如业主营地、承包商营地、滨水休闲空间等人活动比较集中的景观空间点，需要充分结合徽迹的人文特色（图 8.2–2、图 8.2–3）。

（2）业主营地生态环境规划设计

业主营地位于下水库库尾高地，现状为坡地，坐北朝南，背山面水，视野开阔左右均有山脉相拥，叠影重峦，正面一泓库水，景观资源丰富！

业主营地内部以徽派建筑典型的"四水归堂"为主要建筑布局形式，提取马头墙、小青砖、木构架、木雕、石雕、砖雕、牌坊和祠堂等徽派建筑形象特点作为设计要素，设计现代徽派建筑风格（图 8.2–4）。景观风貌以绩溪最典型的文化要素"徽墨"为主题，打造景观细腻、空间丰富、植物精致的"丰肌腻理，润泽如

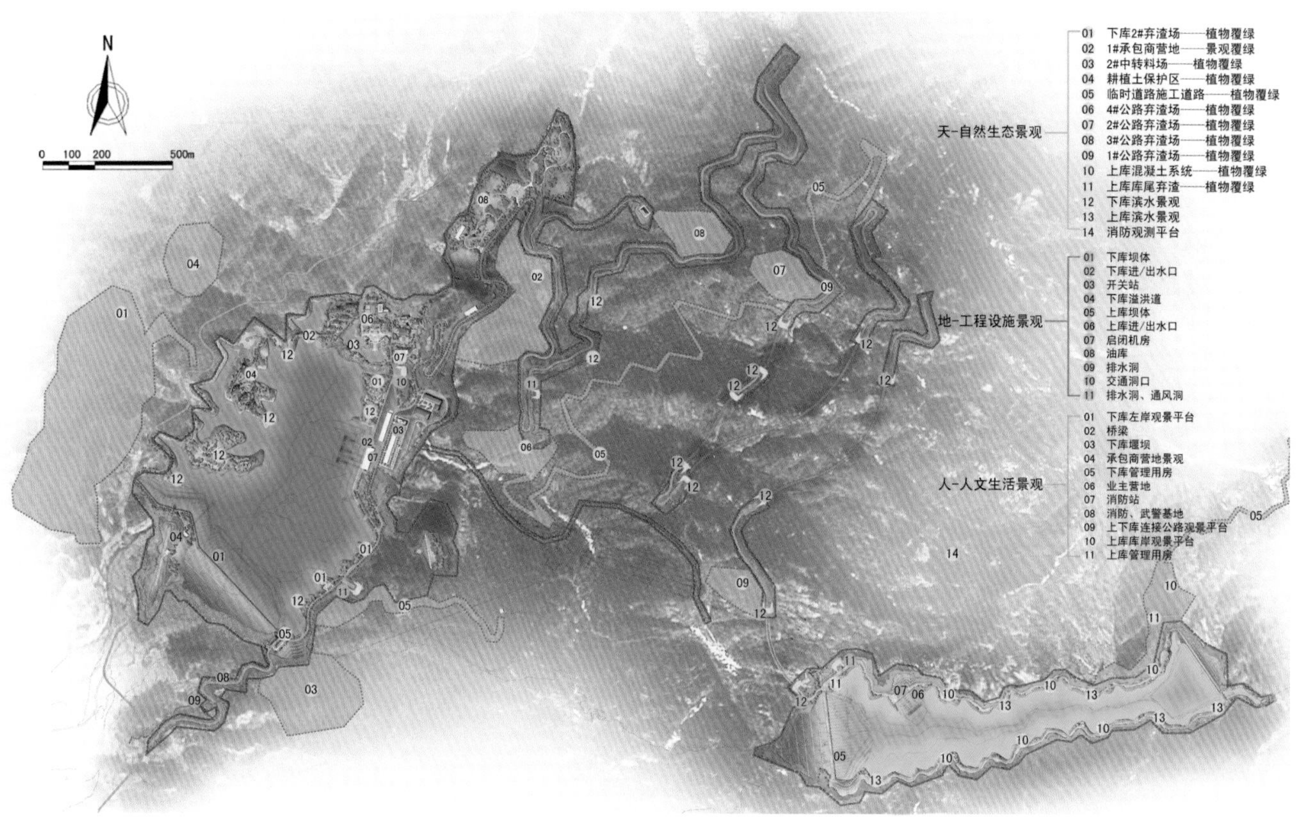

图 8.2-2 电站景观总平面布置图

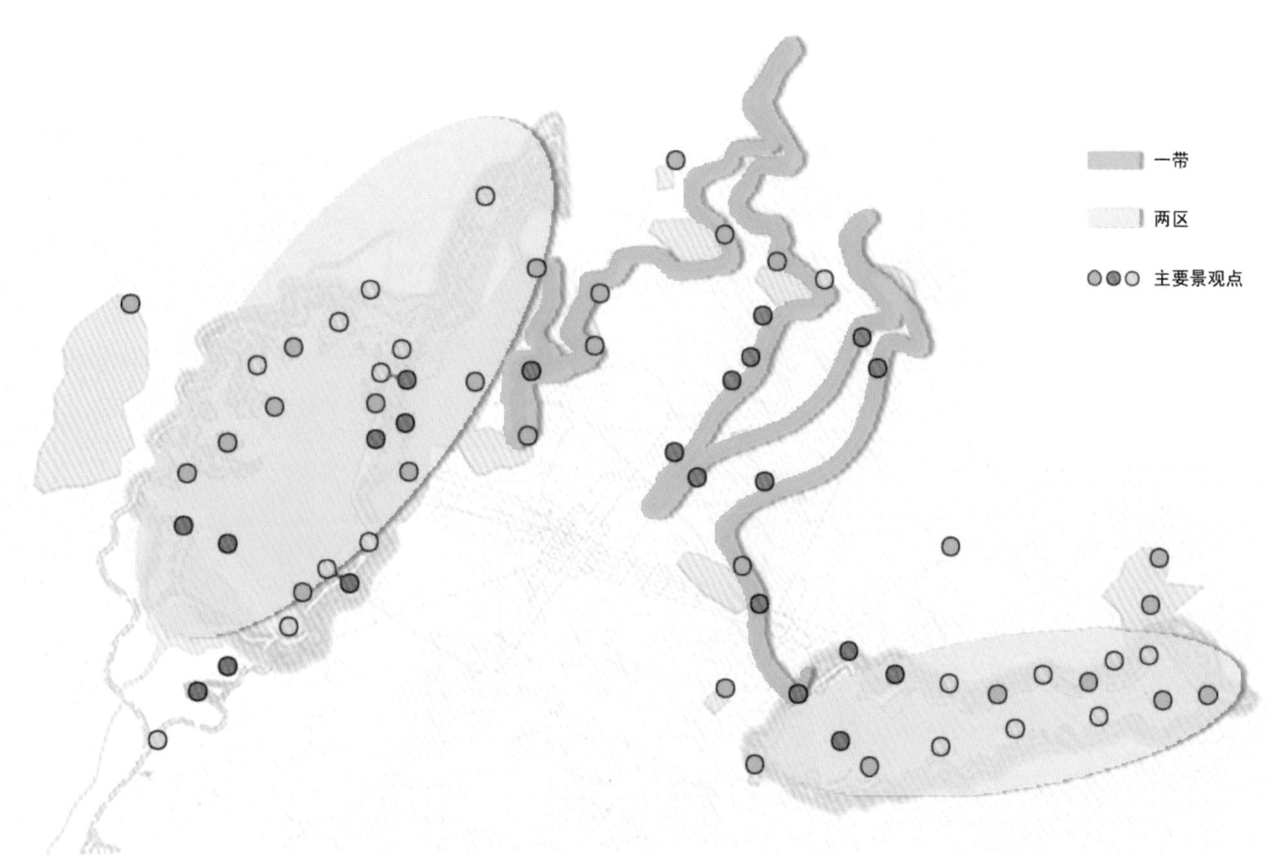

图 8.2-3 电站总体结构图

漆”的徽墨意境。营地景观最大的特色就是“引山涧之水，叠清灵之泉”，将石板湾沟的溪流引入，成为水动力来源，在营地中结合栈道、汀步、亭子、平台、廊架，打造“一水藏于院落间，栈道连平台，灵泉相映三池景，萧竹池中影”的现代简徽庭院跌水空间，最后修建砚堤，通过暗管引入洗墨池，保持池水水位恒定，弥补枯水期的缺憾，构建安定祥瑞之基本构架（图 8.2–5~ 图 8.2–10）。

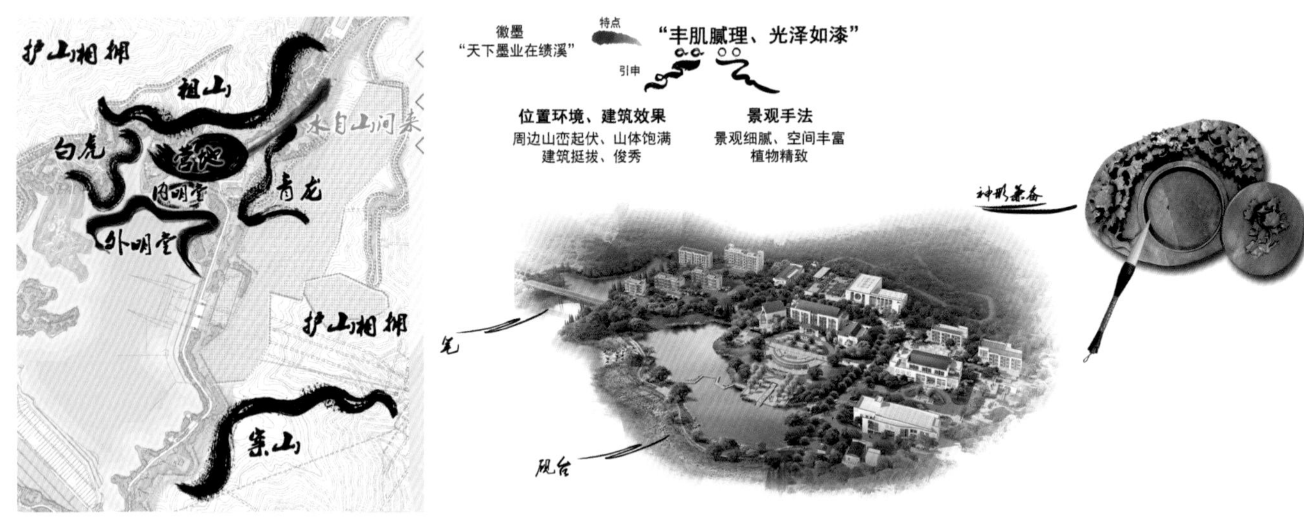

图 8.2–4 业主营地总平面构图思路

图 8.2–5 业主营地总平面图

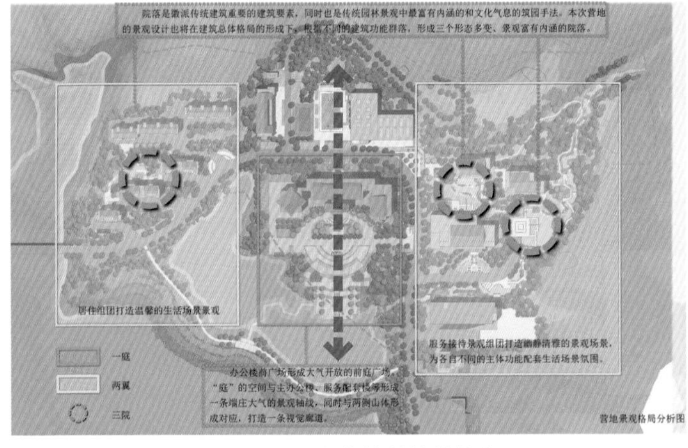

图 8.2–6 业主营地总体结构布局

图 8.2–7 业主营地效果图

图 8.2–8 业主营地实景图一

图 8.2-9 业主营地实景图二

图 8.2-10 业主营地实景图三

（3）上水库区块生态环境规划设计

上水库景观主要由上水库大坝景观区、上水库环库公路景观带、上水库启闭机房等组成。以山水为背景，环境相对较静谧。在延续徽迹这一思路的指导下，从色彩和形态入手，将充满徽迹特色的亭、台、廊、阁点缀于上水库中，渗透徽文人墨客徽文化情结，塑造素雅、生态的徽派意境风貌，与上水库的水面、山体共同营造“山水徽境天池”景观（图 8.2-11~ 图 8.2-13）。

图8.2-11 上水库鸟瞰实景一

上水库大坝景观区包括坝头广场、坝体面层绿化以及坝体四周植物绿化。上水库坝体的左侧设计一个大型的坝头广场，作为上水库区域人流的主要集散地，融入地域文化和电站文化。坝体面层的绿化美化与下水库绿化美化相同，均采用大气简洁的绿化风格，重点对坝体四周的植物绿化进行精心设计，营造特色的植物景观空间。

图8.2-12 上水库鸟瞰实景二

上水库环库公路景观带由环库道路景观、沿线观景平台、上水库进出水口、启闭机房等组成。在沿线景观视线点较好的区域设置堆渣平台，永临结合设计徽墨亭、如烟廊、碧水阁、清风台等观景平台，营造徽派山水天池景观形象。

上水库启闭机房地块场地视线开阔，路侧空地结合观景台设置徽墨亭和徽派景墙，同时在地面铺装上镶嵌竖向的字雕，彰显徽墨文化形象，使徽墨亭节点成为上水库徽境天池的一个重要景点。

图8.2-13 上水库鸟瞰实景三

（4）下水库区块生态环境规划设计

以下水库的山水作为景观背景，大坝、启闭机房、厂房等作为下水库的景观基础，在规划导则的指引下，着重从色彩、形态两方面，对区域进行景观打造。将徽派生活元素通过色彩、形态的演绎，使之融入到下水库景观设计中，打造“山水工业徽生活”景观风貌（图 8.2–14、图 8.2–15）。其中山水风貌是电站下水库库区与周边的山体构成下岸景观的整体山水风貌背景；工业风貌体现在宏伟的坝体、壮丽的启闭机房出水口、密集的电缆线等；徽生活风貌主要集中在下水库沿岸承包商营地的景观中，融入徽菜、徽厨、徽墨、徽剧等徽派生活文化，结合区域内的徽派建筑风格，共同营造徽派生活景观风貌。

图 8.2–14　下水库全景鸟瞰图

图 8.2–15　下水库鸟瞰实景

下水库重点营造区域除业主营地外主要为入口迎宾区、大坝观景区、承包商营地、左岸工业区。

入口迎宾区：电站入口景观带位于进库道路与县道的交叉口至下水库管理房之间，占地面积约 59088m^2（图 8.2–16）。整个入口景观带由三部分组成：“序曲”——位于进库道路与县道交叉口处的电站引导标识区、“演进”——入口标识与管理房之间的林荫大道、“高潮”——管理房区域景观。景观序曲和景观过渡区域进行简洁设计，重点在入口景观高潮区域，通过电站入口标志、铺地、电站标识、景墙、管理房以及植物绿化等来营造入口景观高潮空间。

大坝景观区：主坝是进入电站入口最先映入眼帘的电站主体工程景观，整个区域面积约 216904.51m^2，分为导流泄放洞、坝体、坝头以及坝下四个区域（图 8.2–17）。为了突显第一印象，对坝体面层进行大气简洁的植物绿化设计，增加坝体的宏伟性。并在坝头区域结合下水库管理房设计大气的观景广场，可在此欣赏库区美景。同时在泄放洞设置观景平台，在其他区域进行绿化美化，总体上营造简洁、大气、壮观的电站第一印象空间。

图 8.2–16　入口迎宾区鸟瞰图

图8.2–17　下水库大坝实景图

承包商营地：也称怡情湾，由几个半岛组成，呈树枝型伸入水中，总面积约 16.5 公顷，施工期是承包商营地，电站建成后改成会议中心（图 8.2–18、图 8.2–19）。在怡情湾内部景观设计中采用古典园林的设计手法，融入现代徽派景观设计元素，营造现代、简徽的中式庭院景观，使景观与周边的建筑形成紧密联系。在设计中塑造了烟雨亭、遥望台、徘徊廊、林下空间、徽派印象景墙等众多独具特色的景观空间点，同时融入徽菜、徽厨、徽雕等文化，并通过园路相互串联成线，结合古典式的植物绿化配置，使各个景观空间点和庭院之间既相互联系，又各有千秋，达到人行之中，步行景异的景观效果。

左岸工业区：下水库左岸景观区沿道路呈带状分布进场交通支洞、下水库进出水口、启闭机房、开关站、进厂交通洞、中控楼等电站主体工程。景观设计主要通过对这些电站的主体工程进行美化，增设具有科普意义的文化景墙、展示窗、文化小品等，另外在沿线选择景观视线点较好的区域设计观景平台，让人在欣赏美景的同时又能了解电站知识，在未来电站旅游发展中作为电站工业展示园，成为电站旅游的一个亮点。开关站区域景观主要以植物绿化景观为主，在满足开关站功能的前提下，选用矮灌木和地被草皮，对开关站进行美化。同时在开关站外围区域种植大乔木进行遮挡（图 8.2–20）。交通洞洞口景观采用假体建筑的模式，使洞口犹如依山的建筑。同时入口两侧营造文化墙，对两侧边坡进行一定的遮挡。

山地生态休闲园：山地生态休闲园主要由下水库 2 号弃渣场和合庄水库东侧地块组成。利用弃渣场平坦的地势，融入生态理念，利用植物营造七彩花海景观。并将合庄水库东侧地块打造成山地公园。考虑与未来的电站旅游发展结合，利用七彩花海开展野外素质拓展运动，丰富电站的旅游项目。

（5）场内道路生态环境规划设计

上下水库连接公路道路绿化分为两部分：道路两侧绿化和道路边坡修覆绿化。道路两侧绿化沿线设计统一的基调树种，在局部区段设计多种植物，丰富道路景观，尤其在转弯区域，可以起到警示和提神的景观效果。另外道路的边坡绿化在满足边坡修复的基础上尽量做到植物种类丰富，营造多样的边坡植物景观。侧壁挡墙景观处理需要根据现场地形因地制宜，分段设置侧壁挡墙垂直面 8~16m 和小于 8m 两种样式。8~16m 样式沿壁设置上、下两个种植槽，小于 8m 样式只在底部设置一个种植槽，设计可攀援的植物对公路侧壁挡墙进行垂直绿化处理。

上下水库连接公路共有五个隧道，十个隧道口。为了统一全线的景观，对十个隧道口采用统一的景观美化设计（图 8.2–21）。采用简洁的设计手法，通过毛石贴面、绿化、隧道浮雕等手段进行美化设计，使隧

图8.2–18 承包商营地实景图（一）

图 8.2–19 承包商营地实景图（二）

图 8.2-20　进出水口及开关站区域实景图

图8.2-21　进厂交通洞实景图

道洞口融入周边环境中。在上下水库连接公路选择视线较好且有一定场地条件的区域设计临时游憩观景平台，布置临时停车位，满足游人的观景需求。同时结合徽商文化进行观景台的设计，形成营地回望、徽商望湖、映象群山、登高望远、胜利之湾等景点，展现徽商一路艰辛、百折不挠的主题。其中徽商望湖景点视线比较开阔，可以看到下水库全景。景观设计以满足游憩需要为前提，设置亭子、坐凳等设施，并通过徽商文化墙、徽商小品展现徽商文化。景观设计同时结合道路开挖边坡，将边坡局部塑造成浮雕墙，增加区域的徽商文化氛围。

8.3　案例 3：江苏句容抽水蓄能电站工程环境设计

项目地点：江苏省镇江市句容市

设计时间：2015—2021 年

建成时间：2026 年

8.3.1　项目概况

句容抽水蓄能电站位于江苏省句容市境内，距离南京市 65km，镇江市 36km，句容市区约 26km。句容市素有“南京新东郊、金陵御花园”之美誉。其境内气候温和，山水秀丽，人文荟萃，古迹众多，地势高低不一，山川纵横交错，素有“五山一水四分田”之说。句容抽水蓄能电站建设条件较好，其位于句容市规划宝华山旅游区内，周边自然生态环境较佳。电站建成后在江苏电网中承担调峰、填谷、调频、调相、紧急事故备用等任务。它的建设促使江苏电网结构优化，保证江苏电力安全，同时能够促进江苏经济建设，尤其是句容的地方建设。电站装机容量 1350MW，上下水库总库容分别为 1748 万 m^3 和 2043 万 m^3。

随着社会的不断发展，人们对生态环境的建设愈加重视。《全国生态环境建设规划的通知》（国发〔1998〕36 号）中首次提出了全国性的生态环境建设方案。将国家生态环境建设分为八大类型区域。根据不同的功能区，采取适宜的工程与工程措施。这为全国生态环境规划提供了政策支持。其次，党的十八大首次将生态文明建设放在前所未有的战略高度，并写入党章作出重点阐述，将生态文明建设融入到社会经济建设方方面面。而后，习近平总书记提出“绿水青山就是金山银山”的科学论断。

结合国内政策大背景及句容抽水蓄能电站所处环境，对电站整体进行生态环境规划有利于生态环境的建设，有利于绿色电站的打造。

8.3.2 环境设计

8.3.2.1 规划设计思路

句容抽蓄生态环境规划范围为电站内的永久征地，永久征地面积为 398.49 公顷。句容山明水秀，是中国优秀旅游城市。它西靠南京，民国时期受到民国文化的影响较大，现有建筑具有一定的民国特色。基于句容抽蓄周边的自然风貌及文化特色，意欲将句容抽水蓄能电站整体生态环境的基础风貌定义为自然山水 + 工业科技风貌，其特色风貌定义为民国风风貌。在生态环境规划之时以电站的生态建设为基础，充分考虑人的活动空间，融入山水意境，营造具有民国风情的景色电站。提出“植物营造，生态筑境；注重空间，以人为本；山水意境，特色塑魂”规划思路，分成三大步骤，一步一升华，实现句容抽水蓄能电站富有特色的生态环境建设。

绿化整体规划设计将奠定工程区的基础风貌，主要以保护和恢复句容抽水蓄能电站自然生态环境为目标，通过对场地九大环境功能区的功能分析，根据环境功能区功能类别，确定绿化措施的建设力度，提出“三生”的绿化总体思路，即“生态修复、生产防护、生活丰富”三种类型的绿化手段。并充分结合周围良好的山林生态基底，注重各功能区块的不同要求，形成生态特征明显、地带性植被风貌突出的绿地生态系统。生态修复是基底，主要针对渣场、临时征地、厂区主要道路等区域，进行生态绿化修复设计。生产防护是基础，主要针对开关站、中控楼、仓储区、设备库、大坝等电站生产区域，进行生态绿化防护设计。生活丰富是提升，主要针对业主营地、管理房以及重要的环境节点进行生态绿化的提升设计。

建构筑物整体规划设计将营造句容抽水蓄能电站的特色风貌，建构筑物采用民国风风貌，在细节中体现民国元素。建筑以民国风格形态作为基础，从空间造型、立面造型、细部造型三方面切入，充分表现民国建筑特色，如典型民国风格的坡屋顶、拱券、青砖等。电站内部的建筑物分为生活建筑及生产建筑。生活建筑是营地内生活办公建筑，如办公楼、宿舍楼、生活配套用房等。对于生活建筑进行细节上的装饰以诠释“民国风”的特色。生产建筑是指上下水库区内的以生产为主要功能的建筑，如开关站、启闭机房、上下水库管理用房等。生产建筑主要以生产运营为主，主要在屋顶造型、立面色彩等方面表现民国特色，使电站建筑整体风格统一。

8.3.2.2 具体方案

（1）总体布置

句容抽水蓄能电站的上水库位于下水库的西侧，上下水库之间为上下水库连接道路，业主营地地块选址于下水库西南侧。电站的生态环境总体规划以主体工程为基础，通过生态修复及景观设计，使电站与周边环境相融合，最终形成电站整体景观结构为“一心、一带、两区、多点”（图 8.3–1）。其中“一心”指业主营地，通过对营地内部各组团之间景观设计来营造舒适的生活办公区块，形成电站中的核心区块。“一带”指场内道路，它不仅使上下水库进行连通，同时通过两侧的生态修复成为此片区块生物因子流动的生态廊道。“两区”指上水库和下水库区域，主要环境为库区范围内的水景，同时大坝、开关站、进出水口等工业建筑物成为独特的工业景观。根据电站观景需要在道路旁打造观礼台，根据周边开挖平台的条件打造茶园果园等。“多点”指电站其他区块的零散生态修复空间，通过基础生态修复与周边自然环境相融合（表 8.3–1）。

表 8.3–1　节点打造分类表

区块名称	表现生态基础风貌	表现民国特色风貌
业主营地	营地内绿化	营地内建构筑物
上水库区块	上水库周边绿化提升	上水库管理用房
下水库区块	下水库周边绿化提升	下水库管理用房、进出水口、开关站、进厂交通洞口建构筑物
场内道路区块	道路两侧绿化恢复	路侧平台构筑物

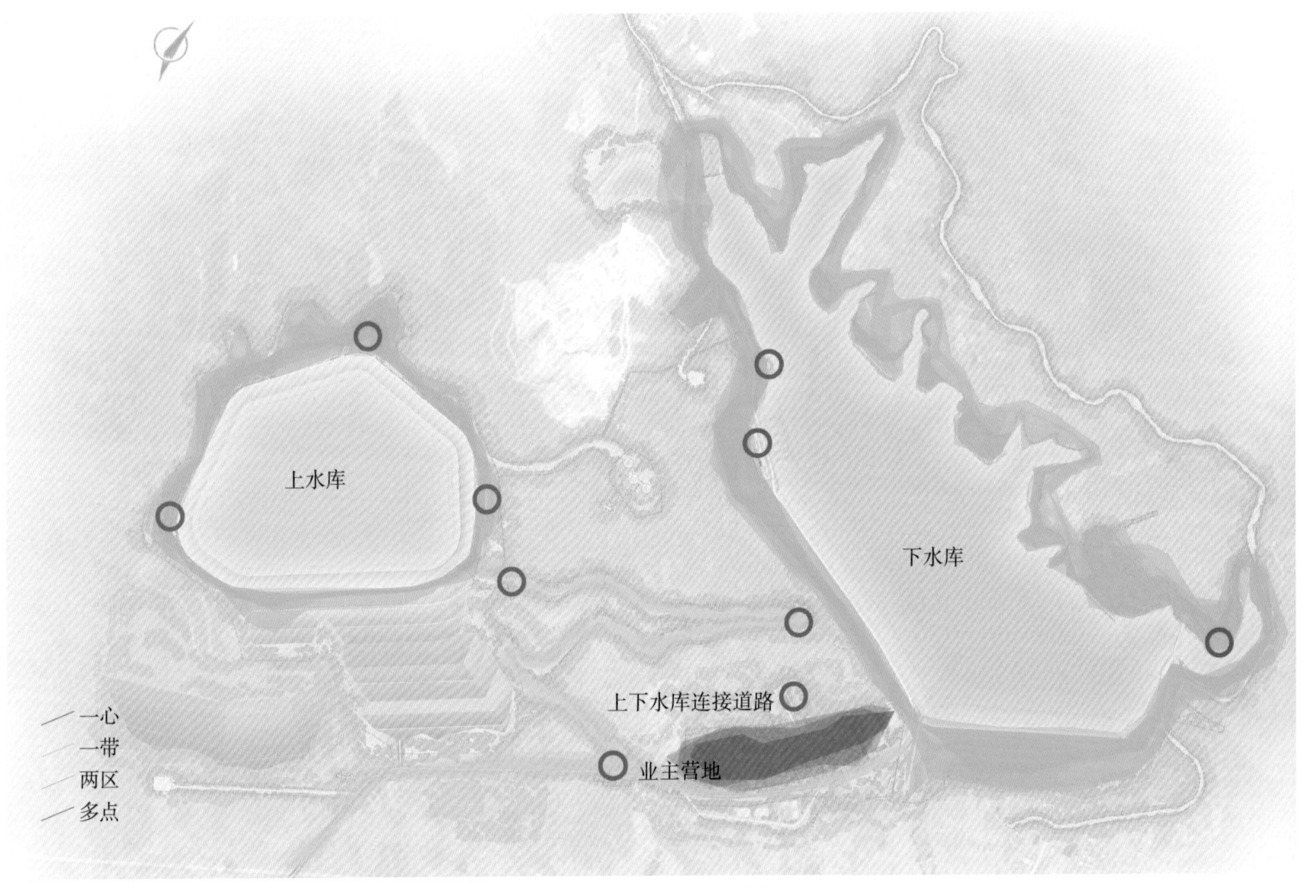

图 8.3–1　电站景观结构

（2）业主营地生态环境规划设计

句容抽水蓄能电站业主营地主要包括员工宿舍区、生活配套区、生态松林区、日常办公区、仓储功能区（图 8.3–2）。现代民国风格的建筑是整个营地的环境基调，同时也是整个电站的环境基调，建筑采用了坡屋顶，外立面采用大面积青砖贴面局部点缀红砖，窗户上方应用拱券构造。建筑周边配以精致的植物绿化，使营地远看就是一道独具地域特色的风景画。在此基础上通过亭、台、廊、铺装、绿化、景墙等的组合设计，结合水体营造多样的生态环境空间，丰富业主营地的生态环境层次。绿化设计以色彩绚丽的秋季景观为主，办公区行道树为银杏，主题树种为“榉树 + 垂丝海棠”，居住区行道树为香樟，主题树种为“无患子 + 梅花”，局部点缀榉树、香樟、沙朴等，适当增加果树橘树、枇杷、杨梅、无花果、桃树、石榴、香泡等。营地内部家具同样凸显民国风风格，主要材料为芝麻灰花岗岩、菠萝格防腐木，局部搭配少量亚克力板，造型上局部穿插体现民国风的弧形花纹样式，使现代感与传统民国风格相融合。

生活区块与一路之隔的办公区块共同组成句容抽水蓄能电站的业主营地（图 8.3–3、图 8.3–4）。业主营地生活区块总体格局为：一轴、两带、三区、多节点。“一轴”是营地内水系，自西北角流向营地入口跌水水池，恰好将住宅楼与其他建筑分隔。“两带”指的是营地内车行道路与最外圈的健身步道，通过两带将营地内各个环境节点相串联，构成一个整体。“三区”指的是员工宿舍区、生活配套区以及生态松林区，员工宿舍区主要是住宅楼，以生活休闲为主（图 8.3–5）；生活配套区由运动场地及生活配套设施组成，提供了平时娱乐与锻炼的场地；生态松林区主要以保留的松林为主，搭配特意打造的较为野趣的生态环境设施，保留松林原有的生态野趣的同时，也能让人在此感受自然，放松心情。

业主营地办公区块总体格局为：一轴、两区、多空间。“一轴”是沿入口广场至建筑中心线的生态环境主轴，“两区”指的是日常办公区与仓储功能区（图 8.3–6），“多空间”是指入口空间、开敞草坪空间、水池空间等组成的多样化生态环境空间。

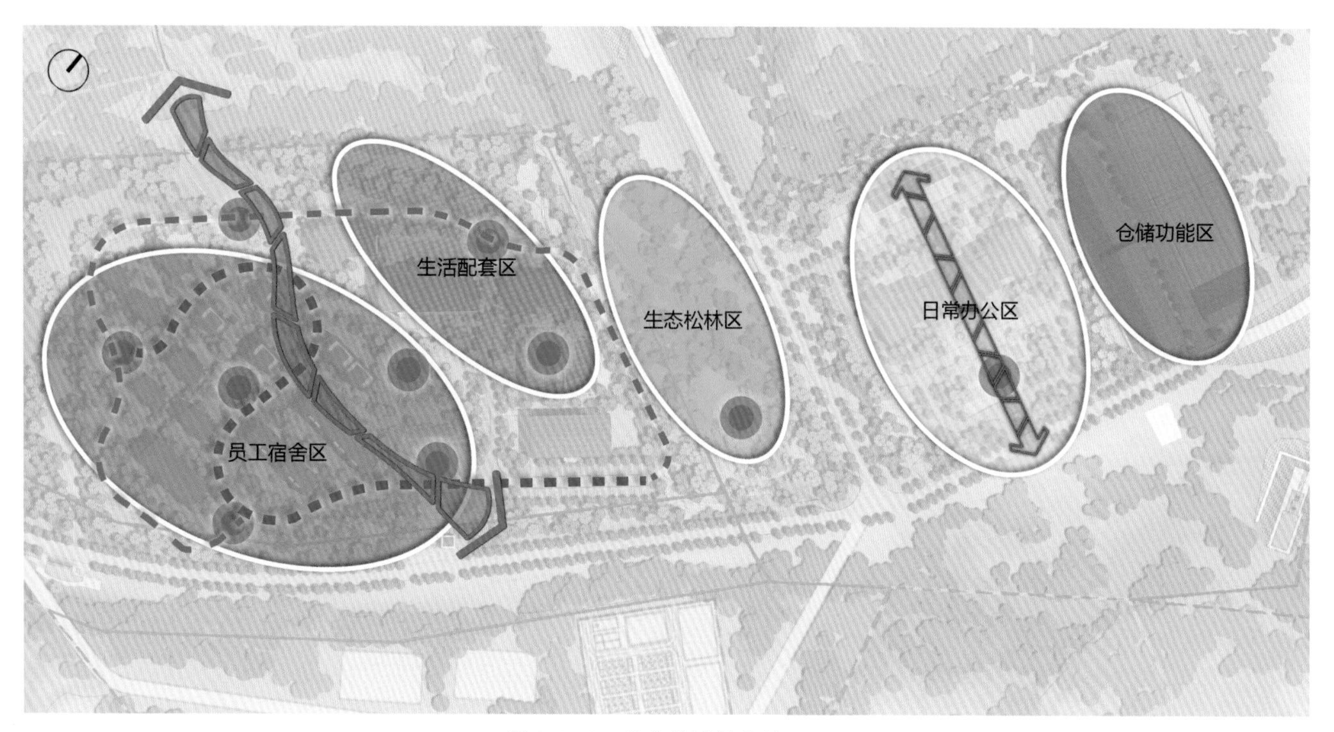

图 8.3–2　业主营地总体格局图

图 8.3-3　业主营地平面图

图 8.3-4　业主营地效果图

图 8.3-5　住宿区实景图

图 8.3-6　办公区实景图

（3）上水库区块生态环境规划设计

上水库库盆开挖以后将形成上水库区域相对平整的地形，环库形成绕上水库一周的环库道路（图 8.3–7）。库盆形成后，其东面为高耸山体，可将上水库风光尽收眼底，为一处视野较佳的观测点。其余几面周边地势与环库道路持平，在道路外侧形成多处开挖平台，靠近主坝布置上水库进出水口，上水库北侧布置上水库管理用房，上水库整体景观视野开阔。基于以上主体工程所形成的工程条件，上水库区块的景观规划以周边山体及库内水体为生态基底，美化环库开挖平台，以民国风建筑进行点缀，凸显大坝、进出水口等工业景观特色，形成别具一格的上水库景观风貌（图 8.3–8）。

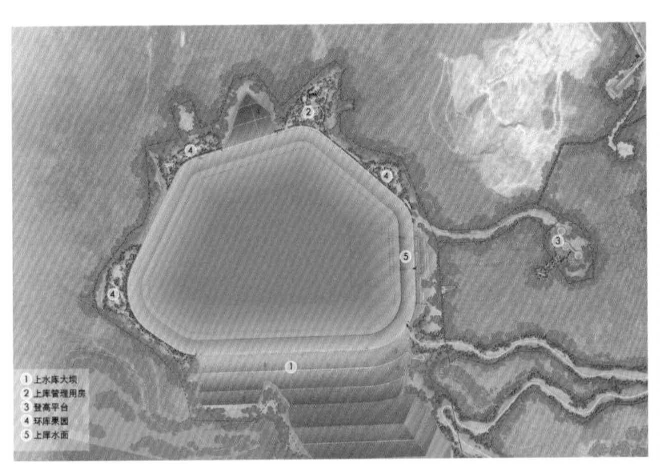

图 8.3–7 上水库区块平面图

图 8.3–8 上水库鸟瞰图

上水库凸显民国特色风貌景观仅为上水库管理用房一处，上水库管理用房位于上水库北侧开挖平台，区域占地 10500m²。场地内建筑风格采用民国风，与电站整体环境风格相协调（图 8.3–9）。考虑电站工作人员以及参观人员的活动需要，在区域内设置广场集散空间，同时设置园路步道，满足游憩需求。管理房后侧的高地是上水库远眺最佳点，在此处设置防火观测台。

图 8.3–9 上水库管理用房效果图

上水库大坝为工业风貌景观，其规划设计力求大气简洁，不做过多装饰，突显工业建筑物本身。上水库大坝采用面板堆石坝，坝内侧为面板混凝土，外侧为框格梁种植槽。对框格梁进行生态覆绿，局部运用花灌木，使整体环境富有变化又能柔化大面积的硬质坝体。同时对坝顶栏杆进行设计，使整体风格与工程主体相匹配（图 8.3–10）。材质上选择石材 + 钢材，着重展现现代化电站的风采。

上水库周边其他地块结合周边自然环境及远期旅游开发的功能诉求，以生态自然为方向，规划为果园茶园等，视为周边的场地记忆。库盆东侧自然山体地势较高，景观视野佳，在此开辟登山步道，步道尽头设置观景平台及景观亭，可一览上水库全貌，作为上水库的最佳摄影打卡点。

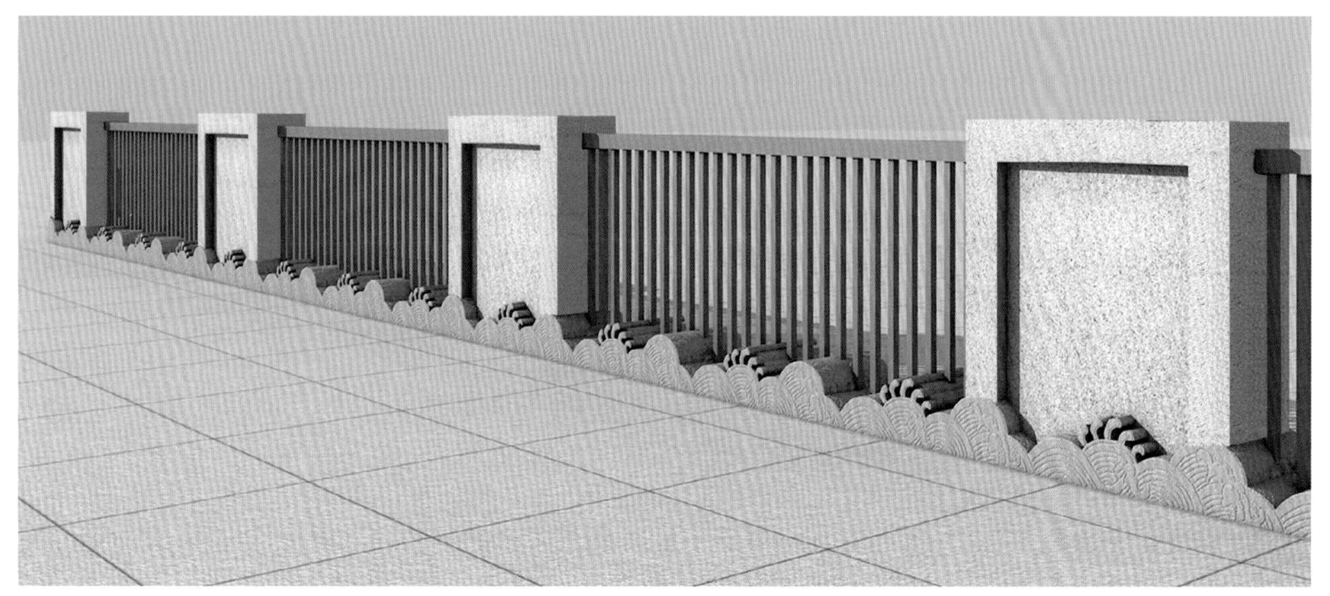

图 8.3-10 坝顶栏杆样式图

（4）下水库区块生态环境规划设计

下水库征地范围较为狭长，工程构筑物主要有下水库大坝、进出水口、进厂交通洞口、开关站等（图 8.3-11）。下水库工程构筑物距业主营地均较近，其中涉及的建筑物均采用民国风，以奠定整个电站的特色风貌。其他区块赋以生态自然的山水风貌，通过蔬果园、临水步道等的设置加强业主营地的功能延伸。

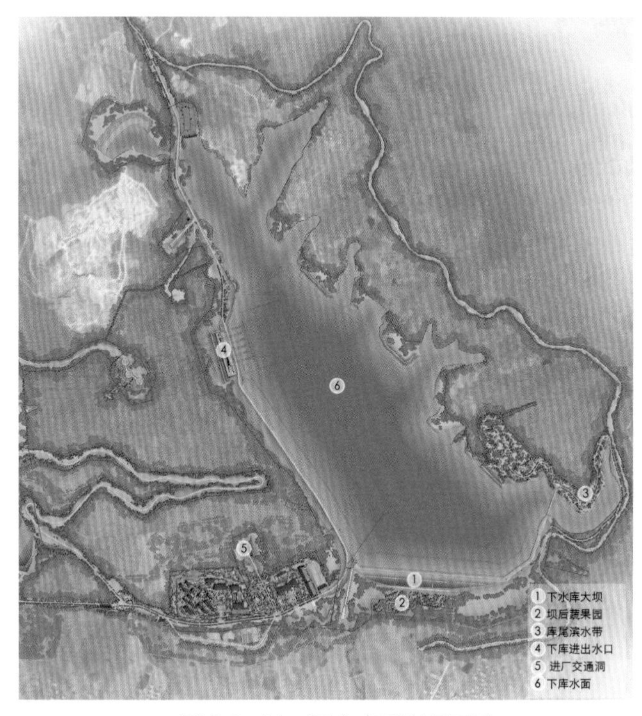

图 8.3-11 下水库区块平面图

开关站挨近进出水口，两者结合形成具有民国特色的工业景观（图 8.3-12）。开关站建筑物及进出水口启闭机房均采用特色鲜明的民国风建筑。开关站后方开挖边坡通过在坡脚和马道种植槽种植整齐的灌木及在框格梁边坡上播撒草籽进行覆绿。开关站外侧设置围墙以及入口大门，围墙距离库岸道路留出 1.2m 宽进行绿化种植，栽植香樟、桂花、杜鹃花、麦冬等植物。

进厂交通洞洞口位于下水库南侧，根据交通洞口功能需要，在洞口两侧设置门卫房及配套用房，洞口处设置洞脸，风格样式与总体风格协调（图 8.3-13）。洞脸墙的外形设计植入民国风特色，应用了传统拱形门洞、民国风花窗等元素。在洞口进洞处两侧道路与边坡之间进行植物种植，采用乔灌草搭配形式，种植香樟、桂花、银杏、樱花等乔木，以及杜鹃、红花檵木、金边黄杨、红叶石楠、麦冬等灌草，形成丰富的植物景观。植物种植时，应考虑对洞口门卫视线的影响。对区域边坡进行修复，马道种植槽和坡脚种植槽做法同开关站处边坡。

图 8.3-12 开关站效果图

图 8.3-13 进厂交通洞口效果图

下水库大坝与上水库大坝工程做法一致，下水库坝后堆砌压坡体，在压坡体上设蔬果园，成为业主营地的功能补充，同时沿着坝顶道路往北经过交通桥，在库尾设置临水游步道，形成带状滨水景观，提供休憩漫步的功能。由业主营地、坝后蔬果园、库尾滨水景观带形成下水库的动态游线，尽享周边山水美景，为远期开发奠定了坚实基础。同时根据视线分析在开关站及进出水口附近设置观景平台，可植入工业建筑科普的功能。

（5）场内道路生态环境规划设计

句容抽水蓄能电站场内道路主要为上下水库连接公路、小沿坝水库进场路。道路的生态环境建设以植被恢复为主，通过对边坡进行修复、对路侧零星场地进行绿化等方式形成生态环境建设基底。并设置若干个路侧平台空间（图 8.3-14），满足停车、会车以及游憩观景需要，同时在小沿坝进场路设置电站入口空间。

一般而言，道路的覆绿建立在三种断面形式的基础之上，具体如下：①仅有开挖段的道路，针对此类道路的主要措施：在边坡的马道上设置种植槽，配合上爬下挂植物进行生态覆绿；若边坡较陡，也可用 TBS 技术进行边坡覆绿；②仅有填方段的道路，针对此类道路的主要措施：在道路挡墙上边界设置种植槽利用上爬下挂植物进行生态覆绿；③既有开挖又有填方段道路，针对此类道路的主要措施：在开挖边坡上的马道设置种植槽，配合上爬下挂植物进行生态修复，在道路挡墙上边界设置种植槽利用上爬下挂植物进行覆绿。回头弯区域主要栽植花灌木，起到提神作用。

对于路侧平台，经过对各条道路进行坡度分析与高程分析，得出结论：①上下水库连接公路根据视线分析，有两处适合做路侧平台；路侧平台在注重会车功能的同时，依势设置景观园路，考虑设置观景平台，并考虑设置具有民国风或工业风的景观构筑物供游客休憩，平台上划分绿化空间进行大树种植，既能供人遮阴，又能软化硬质空间，体现绿色生态之美；②小沿坝水库进场公路因整体观景效果一般，故不建设路侧平台，仅在入口处设置电站入口空间。

电站入口整体规划设计时结合下水库管理用房、入口空间、停车位以及平台等功能进行统一打造。入口作为电站给人的第一印象，其设计需要结合句容抽蓄自身的特色进行打造（图 8.3-15）。下水库管理用房建筑风格采用民国风，周边集散空间及相关设施中同时融入青砖的元素，强化了民国风风格。入口道路两侧的植

图 8.3-14　路侧平台效果图

图 8.3-15　电站入口效果图

物配置采用规格较大的乔木，搭配观叶观花类植物，使整体入口呈现热烈迎宾的氛围。经过序列化的树阵景观之后通过入口铭牌及伸缩门的设置凸显电站的领域感。

8.3.3　总结

总体而言，句容抽蓄电站的整体环境规划通过对“一心、一带、两区、多点”的深入刻画，充分演绎了独具“民国风”的工业电站景观。民国元素的应用不仅使电站与周边的环境能够更好地融合，也为电站未来的发展奠定了坚实的基础。

8.4　案例 4：浙江宁海抽水蓄能电站工程环境设计

项目地点：浙江省宁波市宁海县

设计时间：2016—2018 年

建成时间：2025 年

8.4.1　项目概况

宁海县位于天台山脉和四明山脉之间，靠山面海，森林资源丰富，景色优美。浙江宁海抽水蓄能电站坐落在东海之滨，宁海县城东北侧，四明山脉的自然山林之中，桃花溪森林公园规划范围内，南邻东海云顶旅游区，山水基底优良。依据宁海桃花溪省级森林公园总规，桃花溪森林公园以“森林风景资源和生物多样性保护、森林旅游和生态科普教育”为主题定位，划分形成核心景观区、一般游憩区、管理服务区和生态保育区四大功能区。其中，电站上水库位于宁海桃花溪省级森林公园内一般游憩区（茶山景区）。宁海抽水蓄能电站为《浙江宁海桃花溪省级森林公园总体规划（2016—2025）》中规划的浙东天池景点（新增景点）。电站南部东海云顶旅游区规划区是以茶山林场为核心，总面积约 25km^2 的旅游区。宁海抽水蓄能电站下水库及部分施工场地均在东海云顶县级旅游区内，根据《宁海县东海云顶旅游区总体规划》，宁海抽水蓄能电站工程已在总体规划范围内，工程建设符合宁海县东海云顶旅游区总体规划的要求。

由于电站建设会对区域自然环境产生一定的影响，在生态文明建设大背景下，结合桃花溪森林公园及东海云顶旅游区规划，为了确保电站能够在保护中建设，建设中保护，故对电站进行生态环境规划，最大限度地将电站生态环境保护与电站建设紧密融合。通过生态环境的系统规划，确保将电站建设成生态环境保护与开发建设的典范，全国抽水蓄能电站的精品工程。电站建成后将提高浙江电力系统的调峰能力，维护电网安全、经济、稳定运行，另一方面电站建设也将促进当地经济发展，为区域旅游发展提供支撑。

8.4.2 环境设计

宁海抽水蓄能电站周边群山连绵，植被茂盛，郁郁葱葱。上水库工程区内茶山葱翠绵延，景色壮观。而宁海当地历史悠久、文化底蕴深厚，拥有众多的人文古迹资源。电站周围浓郁的民俗文化，如茶山、云峰庵、福田古刹、镇法寺等均呈现出茶禅的文化气息，整体展现出东方的传统意境，为电站的生态环境建设提供了文化底蕴。

8.4.2.1 环境设计目标

通过对宁海抽水蓄能电站生态环境进行系统规划，立足宁海县整体环境大背景，以电站资源综合利用规划为指导，以生态环境具体建设为手段，充分挖掘电站地域环境特色，将宁海抽水蓄能电站打造为“东海天池”景色电站。在实现东海天池景色电站的同时，达成宁海森林旅游新风采、华东山水天池新风范、全国生态电站新标杆的分目标。

8.4.2.2 环境设计思路

宁海抽水蓄能电站生态环境规划以生态建设为基础，结合当地自然及文化特色，发挥资源优势，融入茶禅意境，营造“东海天池”的景色电站。规划提出“植物营造，生态筑境；注重空间，以人为本；茶禅意境，特色塑魂”规划思路，即在植物的选择上尊重场地气候、土壤等要求，通过多样化植物空间营造，构筑宁海抽水蓄能电站生态环境基础；在空间营造上，针对不同的功能和需求，遵循“以人为本”原则，营造多样化的空间形态，满足办公人员交流、生活、活动的需要；最后，通过茶禅意境的营造，展现静谧、空灵的东方韵味，通过新中式建筑、自然山水景观和特色设施小品等构建电站的“东海天池”特色形象，实现宁海抽水蓄能电站特色生态环境建设目标。

8.4.2.3 电站环境总体设计

（1）总体风貌定位

宁海抽蓄电站位于森林公园景区之内，在生态环境建设中需要充分考虑现状的自然条件，以山水环境作为生态环境的背景风貌，重点对电站主体工程进行生态环境建设。在建设中需要考虑地域文化特色，融入宁海地方传统元素，形成“一站一品”的特色电站。

连绵群山间，满目苍翠，自然山水环境构成了宁海抽水蓄能电站的背景风貌，亦是电站生态环境的基础风貌。在自然山水之中，一座现代工业科技产物宁海抽蓄电站镶嵌其间，熠熠生辉。自然山水环境与电站主体工程共同构成了电站自然山水＋工业科技的基础风貌。而电站周边的茶山、茶事、茶禅、村落、山、海等特色环境，则是传统中式文化的表达与宁海历史的见证，形成了电站新中式风貌＋茶山风貌的特色风貌基底，使电站整体展现出具有东海韵味的山水工业风貌。

建（构）筑物方面在延续宁海地方传统特色的同时融入现代功能与审美，将传统建筑元素进行演化，以现代的材料和手法进行表现，因山取势，随物赋形，打造具有宁海抽水蓄能电站特色的新中式建筑。电站建筑在功能上分为生活建筑与生产建筑，其中生活建筑主要为业主营地内的生活办公建筑，通过细节装饰映衬“一站一品”的主题，且更注重人员使用感受；生产建筑则是上下水库区内以生产运营为主要功能的建筑，对建筑细节装饰要求较低，但在外墙颜色及屋顶造型等外立面元素方面与电站建筑整体风格统一。

（2）生态环境总体布局

生态环境总体布局围绕主体工程功能布置展开，形成“一心、一带、两区、多点”的生态环境空间结构（图 8.4–1）。其中，“一心”即业主营地，通过对营地内部各组团之间生态环境的设计来营造舒适的生活办公区块，形成电站中的核心区块。“一带”即上下水库连接公路，上下水库连接公路不仅是上下水库之间的交通要道，通过道路两侧的生态修复，也成为片区内生物因子流动的生态廊道。“两区”即为上水库和下水库，库区范围内的水景为主景，环库布置的大坝、开关站、进出水口等工业建筑物亦是独特的工业景观。“多点”即电站中形成多个环境空间点，满足停车、观景、休憩等功能需求。

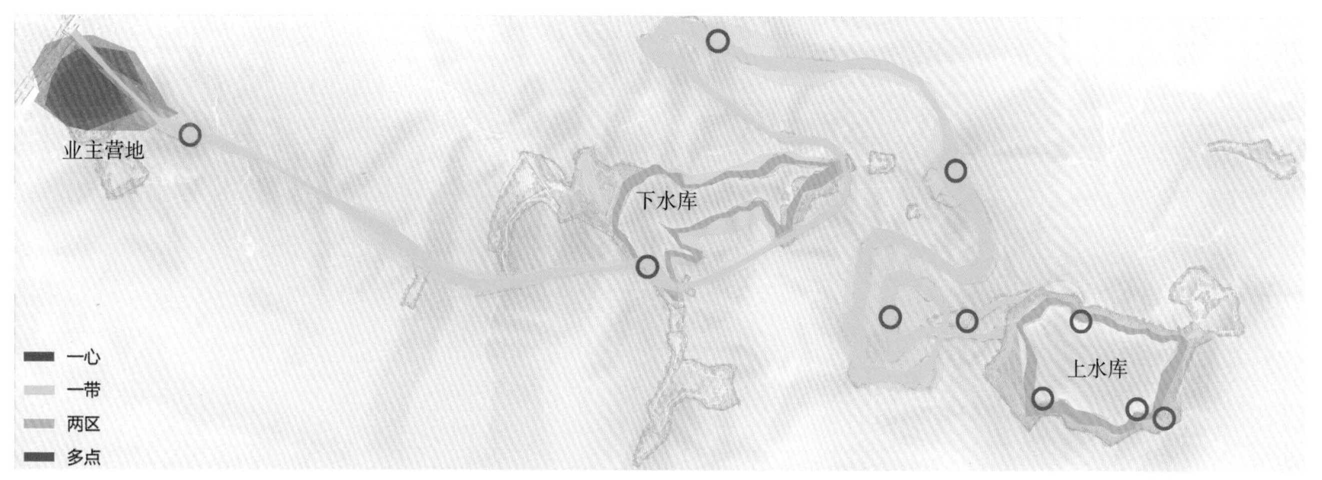

图 8.4–1　总体布局图

（3）绿化总体布局

通过科学合理的生态保育规划指导电站的建设，在不同的施工阶段确立景观介入的时间和介入的深度，将景观建设与电站主体紧密结合，最终当电站竣工之时，景观效果也同时达到要求。

1）绿化总体思路。以保护和恢复宁海抽水蓄能电站自然生态环境为目标，根据电站内各环境功能区功能类别，确定绿化措施的建设力度。通过“生态修复、生产防护、生活组团”三种类型的绿化手段，充分结合周围良好的山林生态基底，注重各功能区块的不同要求，形成生态特征明显、地带性植被风貌突出的绿地生态系统（图 8.4–2）。其中，生态修复型是基底，主要针对渣场、临时征地、厂区主要道路等区域，进行生态绿化修复设计；生产防护是基础，主要针对开关站、中控楼、仓储区、设备库、大坝等电站生产区域，进行生态防护型绿化设计；生活组团是提升，主要针对业主营地、管理房以及重要的环境节点，进行生态绿化的提升设计。

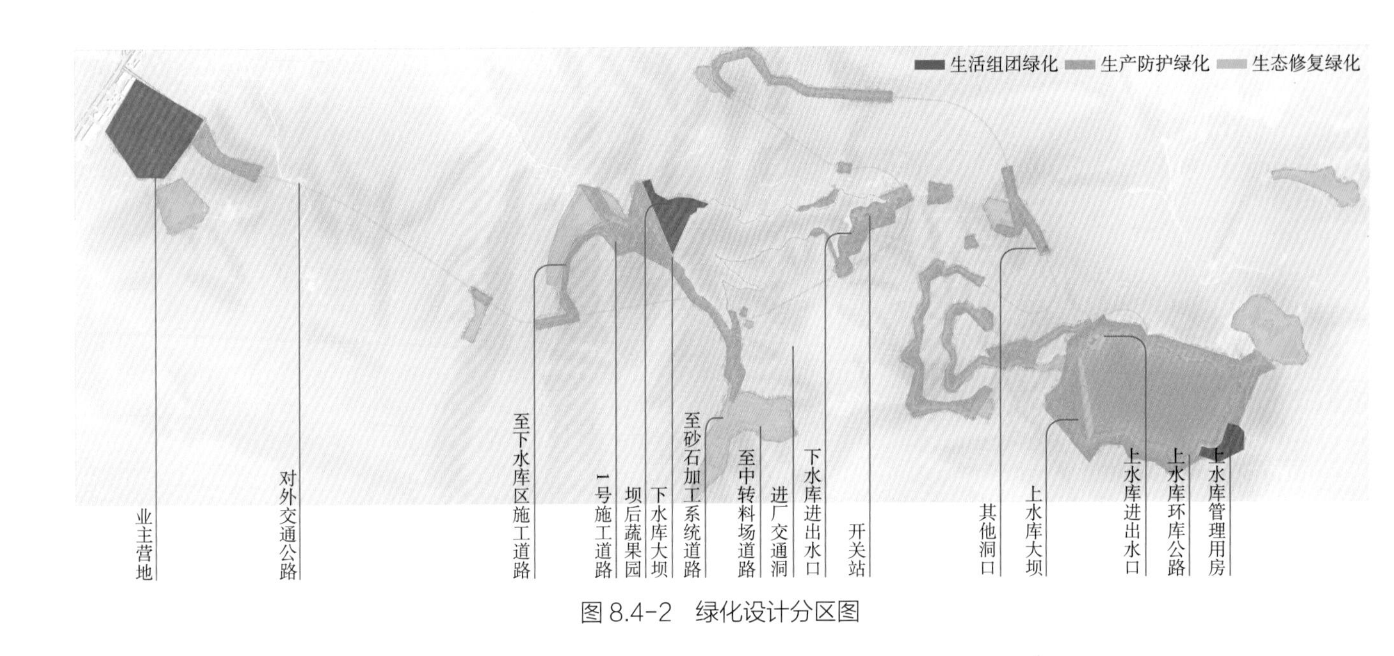

图 8.4-2 绿化设计分区图

2）植物选择。在苗木品种的选择方面，以乡土树种为主导，适当引入观赏价值较高的外来树种。在色彩规划方面，以绿色为主基调，重点应用景观价值高的观花乔灌木、秋色叶植物和观果植物，总体形成季相景观丰富的绿化效果。

（4）生态环境功能分区

根据抽蓄电站主体工程布置，形成业主营地、上下水库管理用房、上下水库大坝、场内道路、上下水库进出水口、开关站、进厂交通洞、其他洞口以及各类临建场地等九大生态环境功能区（图 8.4-3）。

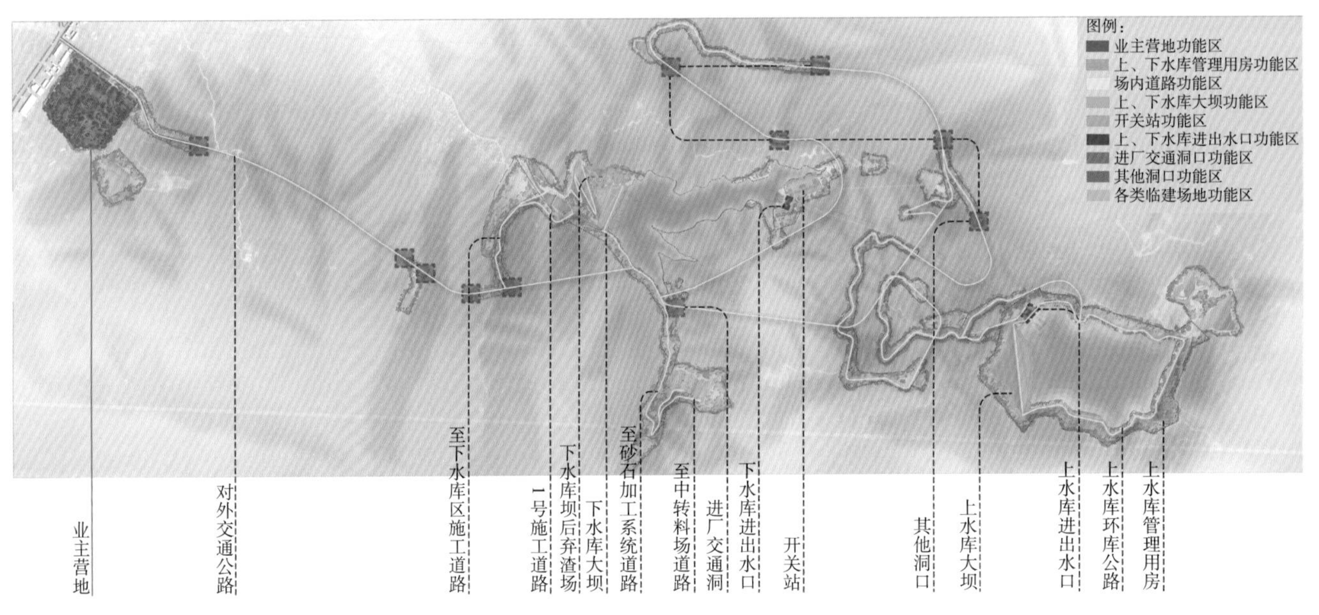

图 8.4-3 生态环境功能分区图

8.4.2.4 具体设计

（1）业主营地生态环境规划设计

业主营地建筑采用新中式风格，与电站整体建构筑物风格统一。营地生态环境设计强调区块景观功能性，通过精致的植物绿化布置，合理的亭、廊、景墙等多种景观小品的组合设计，结合园区内水系，形成结构层次多样的景观空间，营造局部风格各异，整体统一丰富的新中式园林景观。

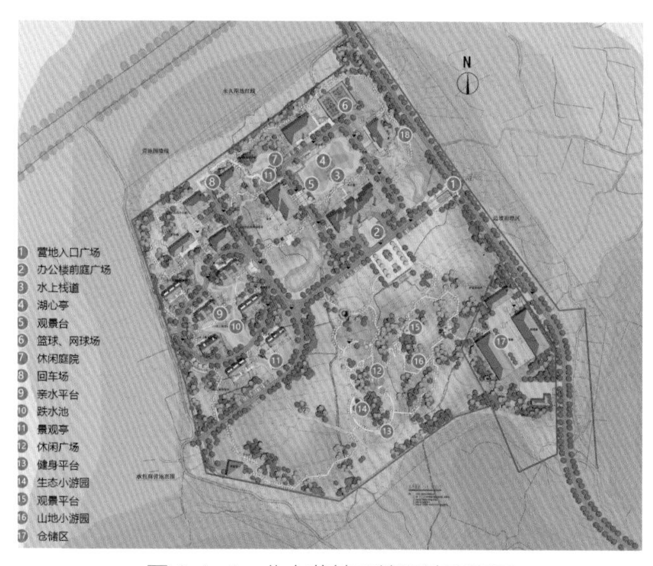

图 8.4-4 业主营地环境设计平面图

依据营地建筑布局及功能分布，形成“两轴、一带、五区、多点”的环境格局（图 8.4–4）：

“两轴”分别为入口景观轴、办公休闲轴。入口广场、办公楼前广场及承包商营地入口广场构成了入口景观轴线，通过路侧地形及植物景观的营造，形成交替的开放与半围合空间，给人豁然开朗的感受。道路两侧列植榉树，搭配多年生草花，形成活力多彩的迎宾林荫道。办公休闲轴为办公楼 – 活动中心景观轴，设置中轴对称的楼前广场及开阔的景观湖，形成大气开放的景观轴线。

“一带”即沿营地水系形成的滨水景观带。营地西北侧水系环绕，沿水系设置数个滨水休憩节点，形成滨水休闲带。

“五区”即依据营地功能布置形成办公区、配套服务区、生活休闲区、电站文化园、仓储区五大景观功能区（图 8.4–5）。办公区景观简洁、大气，采用规则的几何形进行布局，中心花坛、喷泉与办公楼形成轴线，周围以生态草坡景观为主，点缀孤植树与乔木组团，给人大空间的开阔感。配套服务区主要满足员工日常活动需求，食堂与办公楼间的围合空间中为一开阔的大水面，湖面架设栈道，上设置湖心亭，与招待所前的观景平台隔湖相望。招待所北侧设置较为安静的小游园，设有栈道、花架、亲水平台、景观亭等设施，便于人们进行游览与休闲活动。生活休闲区中，利用现有高差，在贯通整个区块的水系中设置跌水景观，沿水系布置蜿蜒曲折的园路，设置亲水平台、小桥、亭廊、座凳等，动静结合，打造居于景中、自然悠闲的生活空间。电站文化园分为小游园与电站文化公园两个部分。小游园中布置健身器材、活动小广场、休闲廊架、景观亭等供人活动，山体公园则作为电站文化展示的重要场所，以山路作为时间轴，沿路设置电站文化展示牌，介绍抽蓄电站的构成与原理，展示我国

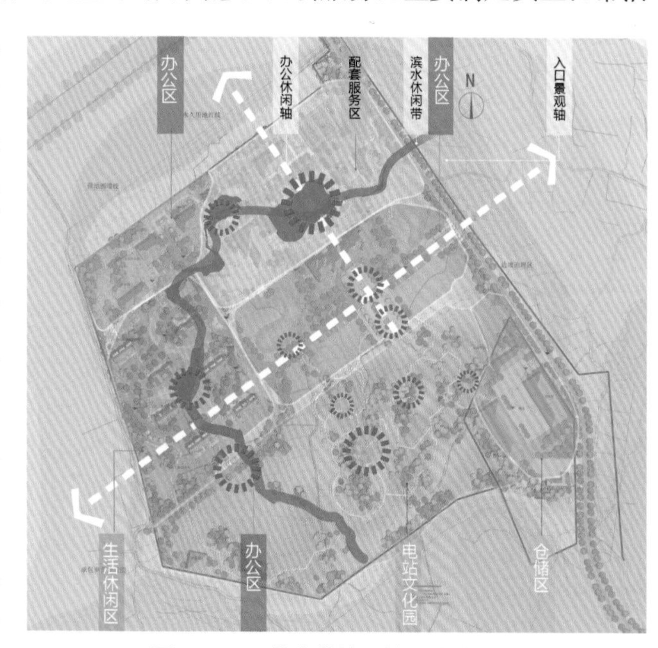

图 8.4-5 业主营地环境设计布局图

抽蓄电站发展历程，体现抽蓄电站科技性与文化性。仓储区以防护型绿化为主，栽植具有防火、降噪、滞尘功能的乔灌木，营造较为安全、独立的场地功能空间。

营地绿化整体统一，分区绿化形式多样；通过或开敞或密植的种植方式区分各类空间，不同分区以开花乔木、秋色叶树种、常绿乔木作为特色种植，突出区域识别性；同时，基调树种均匀分布于各分区，使植物景观达到整体统一又各具特色的景观效果。

（2）上水库区块生态环境规划设计

宁海抽水蓄能电站上水库位于宁海桃花溪省级森林公园一般游憩区内（茶山景区），水岸周围茶山环绕，山顶视线开阔，可远眺东海。上水库右岸设有上水库启闭机房，南侧及北侧利用区域内相对平整的场地设置管理用房，并在环库路沿线设置三处路侧平台（图 8.4–6）。以森林公园标准对上水库范围进行生态环境规划，结合茶山及周边山林优良的生态基底，突出“浙东天池”景点特色（图 8.4–7）。

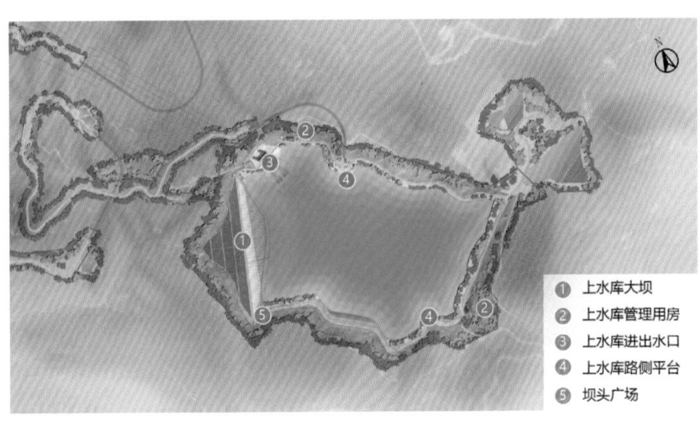

图 8.4–6　上水库环境设计平面图

图 8.4–7　上水库环境设计效果图

上水库管理房区域建筑结合现有茶山风貌，采用新中式风格，与整体环境风格相呼应；利用现状缓坡地形，依山就势，形成错落有致的区域景观（图 8.4–8）。考虑电站工作人员以及参观人员的活动需要，设置广场集散空间，同时设置登山步道及园路，形成环线，满足游憩需要。管理房后方为库尾视线高地，是上水库眺望库区全貌的最佳地带，是设置防火观测平台的不二选择。

上水库大坝采用面板堆石坝，坝内侧为面板混凝土，外侧为框格梁种植槽。在框格梁内进行植草种植，部分框格梁中运用花灌木种植图案，体现电站特色。坝顶外侧设置种植槽，通过栽植花灌木优化坝顶景观。大坝右坝头以架空形式设置坝头广场，形成具有监测、集散与科普展示功能的场地空间。

上水库环库路沿线利用平整的路侧空间设置两处硬质平台（图 8.4–9）。路侧以停车、会车功能为主，临水侧增设可供人休息远眺的空间，布置休憩亭廊，并在平台上种植大树，既能遮阴，又能软化硬质空间，体现绿色生态之美。

上水库进出水口启闭机房采用新中式风格，使整体电站建筑风格统一（图 8.4–10）。启闭机房周围设置停车位，周边以组团式绿化为主。边坡采用岩质边坡喷混，边坡马道种植红叶石楠、金森女贞等适应性强的灌木，上爬爬山虎，下挂云南黄馨。

图 8.4-8　上水库管理房区域环境设计效果图

图 8.4-9　上水库库岸观景台环境设计效果图

（3）下水库区块生态环境规划设计

宁海抽水蓄能电站下水库大坝位于水库北侧，东南库尾区域设有下水库启闭机房、开关站，南部为进厂交通洞，以统一的电站建构筑物风貌展现电站工业特色。另由于下水库位于东海云顶县级旅游区内，故需充分利用场地资源，以旅游区生态环境建设标准对下水库区块进行规划设计（图 8.4–11）。

图 8.4-10　上水库进出水口环境设计效果图

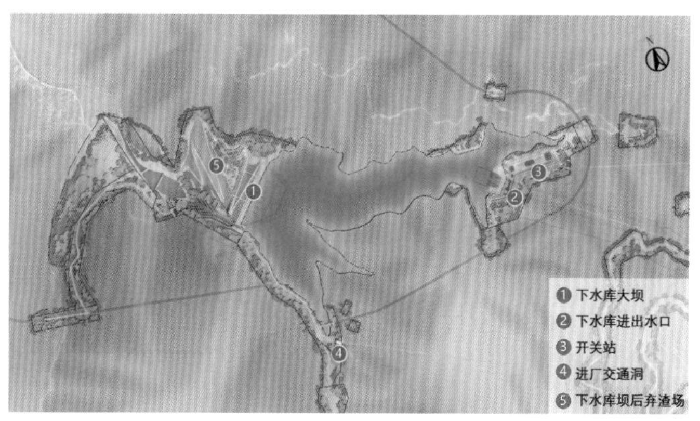

图 8.4-11　下水库环境设计平面图

下水库大坝为面板堆石坝，坝面采用框格梁植草绿化。右坝头区域利用溢洪道边的平整场地设置电站形象展示空间和休憩广场。下水库坝后弃渣场是宁海抽蓄电站永久征地范围内的临时场地之一。综合考虑场地的高程、坡度及坡向，结合电站自身需求，将下水库坝后弃渣场定位为蔬果园，种植蔬菜与水果，在生态修复的同时也可供应电站内部餐饮需求。

下水库进出水口区域地质条件良好，后方为岩质边坡，设有 3m 宽马道（图 8.4–12）。生态环境建设中在马道及坡脚设置种植槽，其中，坡脚种植槽栽植爬山虎、金边黄杨为主，并间植桂花、紫薇等小乔木；马道种植槽栽植爬山虎、云南黄馨及金边黄杨，间植杜鹃球。启闭机房的主体建构筑物在满足功能要求的前提下，以新中式风格对外立面进行装饰。

开关站位于下水库启闭机房东侧，在开关站外侧设置围墙以及入口大门（设置应满足新源公司抽水蓄能电站通用设计相关要求）。围墙与库岸道路间保留 1.2m 宽的区域进行绿化种植，采用香樟、桂花、杜鹃、麦冬等防护性强的植物。开关站内部建筑及围墙采用新中式风格，与电站整体风貌统一。

根据新源公司标准对进厂交通洞洞口进行装饰设计，洞脸采用中式坡屋顶装饰，延续电站新中式建筑风貌，与宁海当地建筑特色统一（图 8.4-13）。洞口区域设置平台，作为回车场地。同时，由于边坡开挖过于陡峭，覆绿时需采用岩质边坡喷混的形式。在洞口进洞处道路两侧进行植物种植，采用朴树、榉树等乔木，形成与自然山林的过渡。在洞口两侧布置桩景，既不遮挡视线，又起到了美化作用。

图 8.4-12　下水库进出水口环境设计效果图

图 8.4-13　进厂交通洞洞口环境设计效果图

（4）场内道路生态环境规划设计

宁海抽蓄电站场内道路包括进场道路、上下水库连接公路、上下水库库岸道路。场内道路生态环境建设以植被恢复为主，通过对路侧绿化补植及边坡修复等形成生态环境建设基底（图 8.4-14）。利用路侧较为平整的场地，设置若干路侧平台空间，满足停车、会车以及游憩观景需要。另外，在道路回头弯区域增加警示设计，并在进场道路起始段设置电站入口空间。

路侧绿化及边坡依据道路断面类型采用相应生态修复措施。山地型道路区段多有边坡开挖的情况。生态建设时，在路侧绿化宽度大于 1.5m 的区域种植香樟、无患子等乔木作为行道树，宽度大于 1m 区域则种植金森女贞、红叶石楠等灌木及紫薇、海棠等小乔木。边坡以喷播植草为主，坡脚和马道种植槽内主要采用云南黄馨、常春藤、爬山虎等藤本植物，适当种植红叶石楠、大花六道木等灌木。平地型道路在路侧绿化范围大于 1m 的区段以女贞、香樟等常绿乔木作为行道树，宽度较大的区域可点缀鸡爪槭、紫薇等色叶或观花小乔木，搭配红花酢浆草、常夏石竹等多年生草本花卉，营造入口林荫大道的形象，形成热烈的迎宾氛围；路侧绿化范围小于 1m 的区段则主要采用紫薇、木槿等观花小乔木或茶梅、红叶石楠等观赏性强的灌木搭配兰花三七、葱兰等多年生草花，形成较好的植物景观效果。

图 8.4-14　场内道路典型环境设计效果图

回头弯区域主要栽植花灌木为主，起到提神作用（图 8.4-15）。为了使人们在行车过程中保持注意力，在路侧种植花灌木，意在提醒人们小心驾驶注意安全。

图 8.4-15　场内道路回头弯典型环境设计效果图

图 8.4-16　电站入口环境设计效果图

上下水库连接公路沿线设置 3 处硬质平台空间，以停车休憩功能为主，配套生态停车位及休憩观景空间。

电站入口区域设计结合宁海抽蓄电站自身的特色，以简洁大气的风格进行打造，采用高低错落的多面景墙作为整个电站的第一视线焦点，结合植物的配置，使电站入口呈现热烈迎宾的第一印象（图 8.4-16）。

8.4.3　总结

遵循《浙江宁海桃花溪省级森林公园总体规划（2016—2025）》与《宁海县东海云顶旅游区总体规划》中的生态环境保护宗旨，根据森林公园的景观特色及宁海抽水蓄能电站的工程特点进行设计，有机地将工程景观融入当地景观中，将宁海抽水蓄能电站建成独特的“山水电站”景观，有效提高了桃花溪森林公园的知名度，对带动区域旅游业发展具有积极作用。

8.5　案例 5：浙江长龙山抽水蓄能电站工程环境设计

项目地点：浙江省湖州市安吉县

设计时间：2018—2020 年

建成时间：2023 年

8.5.1　项目概况

长龙山抽水蓄能电站项目选址于安吉天荒坪镇和山川乡境内。其是发电水头世界第一的抽水蓄能电站，总装机 210 万 kW，属于“高水头、高转速、大容量”日调节纯抽水蓄能电站，拥有多项“世界之最”和“国内第一”。

长龙山抽蓄选址与天荒坪抽蓄遥相呼应，周边旅游资源丰富，从《安吉天荒坪景区总体规划》来看，长龙山抽蓄与天荒坪抽蓄一同构成江南天池景区。2005 年仲夏，时任浙江省委书记的习近平同志在安吉余村考察，“两山”理念历史性登场，作为“两山理论”的发源地，生态环境的建设尤为重要。长龙山抽蓄工程的环境设计将充分结合场地周边的自然人文资源以及相关上位规划，打造独具特色的抽蓄景观。

8.5.2　环境设计

天荒坪历史悠久、文化底蕴深厚，素有“中国第一竹乡”之称，境内有竹博园、竹子博物馆等竹子文化景观。而安吉白茶、安吉中式建筑造就了安吉纯正的中式传统风情，形成浓郁的传统中式文化氛围。这为长龙山总体生态环境奠定了背景基调和风貌。

8.5.2.1 环境设计目标

基于浙江长龙山抽水蓄能电站主体工程，秉承“建设中保护，保护中建设”至高理念，以电站生态修复为基础，通过多样化的工程措施和手段，构建电站区域的绿水青山。同时深入挖掘地域文化特色，以人为本，融入多样化游憩、交流、活动、观光、教育空间，打造一座“生态型、园林式、现代化”的景色电站。通过电站的生态环境系统规划和精品建设，为构建“绿色、精品、典范、和谐、创新”的美丽长龙山工程做好支撑，为电站后续自身综合发展打下基础，为江南天池景区提供新的动力。

8.5.2.2 环境设计思路

以业主营地、上下水库连接道路、上水库、下水库为基础格局，融入中式传统文化，注重各类空间的打造，营造特色植物空间，打造江南天池意境。总体以“江南风韵”为设计思路，通过中式建构筑物、植物造景等方面进行具体体现。

8.5.2.3 总体设计

长龙山抽水蓄能电站整体环境规划呈现“一心、一带、两区、多点”的格局（图 8.5–1），“一心”即业主营地，打造具有“江南风韵”的生活办公组团空间。“一带”即上下水库连接公路，通过道路两侧的绿化及道路回头弯处的特色植物造景与周边的自然山体相融合。“两区”即为上水库和下水库，下水库区主要通过大坝坝体绿化及坝头广场的打造形成具有特色的下水库景观区。上水库主要通过水电文化园的打造形成静水江南园的景色。

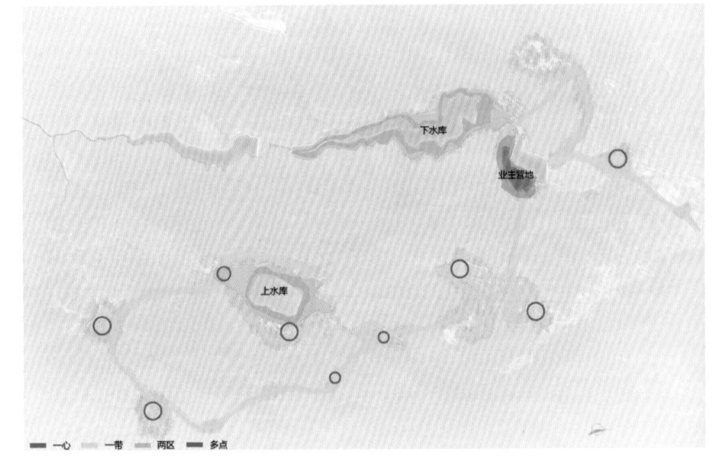

图 8.5–1 总体布局图

8.5.2.4 具体设计

（1）业主营地环境设计

业主营地位于潘村水库旁，错落的山地建筑空间，现代中式的风格，营造了整个业主营地的生态环境基础（图 8.5–2）。业主营地生态环境规划主要对办公楼前广场、宿舍组团的活动场地进行打造，强化临水的生态带，结合沿水侧较缓场地布置蜿蜒园路以畅通（图 8.5–3）。通过整体绿化、铺装、亭、廊等的组合以及周边特色元素的融入，将营地打造为具有特色的自然式园林。

根据现场生产、生活管理区不同功能，同时结合地形，因山造势，把不同功能建筑及生态环境进行组团分区。业主营地生态环境格局是在建筑整体功能和结构的基础上，结合自然山水格局和安吉当地特色，形成

图 8.5-2　业主营地实景鸟瞰图

图 8.5-3　业主营地滨水侧实景鸟瞰图

图 8.5-4　业主营地结构布局图

"一带、两轴、四个功能组团"的整体生态环境格局（图 8.5-4）。

（2）上水库环境设计

上水库库盆开挖以后东西两侧形成较高的开挖边坡，环库周边为常见的上水库环库公路、上水库进出水口、启闭机房等，均为重要的枢纽组成部分（图 8.5-5）。启闭机房采用传统的中式坡屋顶造型，与电站的整体环境风貌相统一。

上水库副坝右坝头留有一块较为平坦的空地，

图 8.5-5　上水库鸟瞰图

由该地块往远处眺望视野开阔，可看到安吉县城。因此在此处设置江南特色的科普园，既是对长龙山抽蓄建设的记录，同时可作为上水库一处较好的观景台（图 8.5–6）。科普园入口景墙结合水电站相关文化进行设计，前景广场以大铺装为主，提供游人集散及短暂停留空间，植物景观上以常绿树为主，形成背景林，且与原有山体相结合，局部增加落叶树，丰富季相变化，组团边角点缀开花亚乔如山樱花，整体打造季相多变、色彩丰富的节点景观。

图 8.5-6　上水库科普园效果图

（3）下水库环境设计

下水库区域主要在大坝周边进行环境塑造，打造下水库独特的风景线。大坝坝坡处对框格梁进行覆土，栽植常绿的杜鹃花，使大坝坡体呈现一道繁茂的绿坡风景（图 8.5–7）。

大坝右坝头观景台利用山脊平缓处设置圆形平台（图 8.5–8）。平台设计暗含“日月同辉”之意。在平台设置宣传廊架作为企业文化宣传，并在中心设置圆形花台，放置景石。在平台端头临水处利用现状地形局部进行抬高，设置重檐六角亭。平台与大坝通过架空木栈道进行相连，栈道蜿蜒曲折，可远观下水库水景、平台处六角亭及远山，宛如一幅山水画（图 8.5–9）。

图 8.5-7　下水库大坝全景

图 8.5-8　右坝头观景台全景

图 8.5-9　右坝头观景台景观

（4）上下水库连接公路环境设计

上下水库连接公路整体景观面呈现狭长状，除了常规的道路坡脚处的生态覆绿及边坡植物的上爬下挂，着重对四个回头弯区块进行了植物打造，以“视线通透”为功能前提，展示了自然生态又不乏精致的景观效果。

回头弯一处上层采用了视线通透的朴树、鸡爪槭，局部点缀造型精致的黑松；下层采用了自然生态的狼尾草、斑叶芒、佛甲草等，以柔美的曲线状进行铺设（图 8.5-10）。现状排水沟采用溪滩石进行点缀美化。

回头弯二处打造了一处秋叶绚烂的景致，主干植物采用了乌桕、鸡爪槭、红枫等秋色叶树种，下层搭配狼尾草、欧石竹、千鸟花等（图 8.5-11）。同时以景石堆叠来消化现有高差，自然美观，与周边山体浑然天成。

图 8.5-10　回头弯一处全景

图 8.5-11　回头弯二处全景

回头弯三处采用大地景观的形式进行打造，不采用上层乔木，以保持通透的视线，下层采用狼尾草、细叶芒、佛甲草等进行大面积铺设，同时在地块中间利用现状排水沟营造蜿蜒曲折的旱溪景观，整体植物效果自然野趣，与后方的开挖边坡有机融合（图 8.5-12）。

图 8.5-12　回头弯三处全景

图 8.5-13　回头弯四处全景

回头弯四处以银杏为骨干树种，在与道路交界处采用景石堆叠进行点缀并消化高差，底层植物采用狼尾草、细叶芒、美丽月见草进行大面积铺设营造山野之美（图 8.5-13）。

8.5.3　总结

长龙山抽水蓄能电站的环境打造充分体现了江南园林的精神，建设成果亦较为精致且不失韵味。整体环境将山水林坝融为一体，并具有充分的文化体验。后期与天荒坪抽蓄进行联动，可更好地营造江南天池景区，成为国内独一无二的抽水蓄能电站生态旅游示范基地。

8.6　案例 6：华东桐柏抽水蓄能电站工程环境设计

项目地点：浙江省台州市天台县

设计时间：1996—2000 年

建成时间：2006 年

8.6.1　项目概况

华东桐柏抽水蓄能电站位于浙江省天台县境内，距天台县城约 7km，是一座日调节纯抽水蓄能电站。电站装机 4 台，总发电装机容量 1200MW，总抽水容量 1344MW，通过二回 500kV 输电线接入华东电网，日发电量 600 万 kW · h，平均年发电量 21.18 亿 kW · h，在华东电网中承担调峰、填谷、调频、调相及紧急事故备用任务。

桐柏抽水蓄能电站具有一定特殊性，与多数进行封闭管理的抽蓄电站相比，桐柏抽蓄与当地居民生活及旅游活动有着更为紧密的联系（图 8.6-1）。桐柏抽蓄上水库由原桐柏水库提升改建而成，现又称金庭湖，桐柏村的民居与农田零星分布于水库四周；上水库北岸坐落着有道教南宗祖庭之称的桐柏宫，是当地旅游的名片之一。桐柏抽蓄下水库位于百丈坑口，由周边山顶游路可俯瞰下水库全景；下水库库尾紧邻琼台仙谷风景区，其下水库左岸公路也是通往琼台仙谷景区下入口的唯一车行道路。业主营地位于下水库大坝脚下，分为办公与生活营地，两处营地共同承担电站日常运维及管理的职能。桐柏抽水蓄能电站不仅在电网中承担重要任务，其自身由于邻近旅游景区，也成为天台当地的重要景观，为当地旅游业发展助力。

图8.6-1 桐柏抽蓄上下水库鸟瞰图

8.6.2 环境设计

8.6.2.1 总体布局

桐柏抽蓄电站布局同样围绕主体工程功能布置，依据场地功能分为上水库、下水库、业主营地及各类洞口 4 大功能区，开关站、进出水口、进厂交通洞等工业建筑均沿库岸公路布置。电站生产建筑以浅灰色的现代风格建筑为主，体现电站工业特征。

8.6.2.2 分区概述

（1）上水库

1958 年，为满足农业生产和人民生活的需求，天台县于桐柏瀑布上游修建了桐柏电站水库，后通过提升改造，形成了如今的桐柏抽蓄上水库（图 8.6-2）。上水库总库容 1231.63 万 m^3，主坝为均质石坝，位于水库南侧；右坝头绿地中设置观景平台，内设仿古石亭（图 8.6-3）。上水库进出水口设于上水库西南，造型现代，展现电站建筑的科技感与电站工业的厚重感（图 8.6-4）。

图 8.6-2 桐柏抽蓄上水库鸟瞰图

图 8.6-3 上水库右坝头观景平台

上水库周边植被丰茂，以松、竹、杉木为主，民居及农田散布四周。库周以公路环通，全长约 6.2km。全线临水侧以栏杆、围栏、警示标牌等形式对水库进行了隔离，防止游人或村民下水。

上水库环库路不仅承担电站自身的交通巡库功能，也是沿线民居、游客及北岸桐柏宫相关人员出行的必经道路，环库路西线连接琼台仙谷景区入口，向北连接上水库北岸的道教桐柏宫，吸引众多游客及道教人士汇集，而上水库自身也以金庭湖为名，成为当地一处旅游景点（图 8.6–5）。近年由当地政府主持，于水库东北侧水岸新建了健身绿道，进一步加强了上水库与当地旅游业的联系（图 8.6–6）。

（2）下水库

下水库总库容 1289.73 万 m^3，主坝为钢筋混凝土面板堆石坝。下水库进出水口设于大坝北侧约 160 米平台处，采用现代的工业建筑风格，与上水库进出水口造型统一（图 8.6–7）。500kV 开关站设于下水库进出水口平台北侧 150m，采用 GIS 开关设备。外围设置白色混凝土围墙，以常绿灌木围合（图 8.6–8）。

下水库采取封闭式管理，下水库左岸混凝土公路是连接库尾琼台仙谷景区下入口的唯一道路，虽对外开放，但公路临水侧均以围墙、围栏的形式进行隔离。左岸公路开挖形成的边坡大多采用在自然岩面上横向

图 8.6–4　上水库启闭机房

图 8.6–5　桐柏宫

图 8.6–6　环湖绿道

图 8.6–7　下水库鸟瞰图

图 8.6-8　下水库启闭机房及开关站

图 8.6-9　下水库左岸公路边坡绿化

图8.6-10　下水库左岸公路边坡绿化鸟瞰效果

图8.6-11　下水库右岸架空栈道

设置钢筋混凝土花箱的形式进行覆绿美化，通过经年累月的生长，植被基本可覆盖边坡可视面（图 8.6-8~图 8.6-10）。下水库右岸以架空栈道、人行步道的形式形成贯通的人行巡检路线（图 8.6-11），整体隐于自然山林崖壁之中，降低环境影响。

（3）业主营地

桐柏抽蓄业主营地分为南北两处营地。其中北侧营地位于下水库大坝坡脚，主要承担电站运营办公功能，场地内设有一处办公建筑，采用弧形外观，玻璃幕墙结合白色钢格栅装饰，突显轻巧现代的建筑特色（图 8.6-12）。园区内以条石雕刻建设者脚印环办公楼布置，形成电站文化展示区。另设置集散广场、树阵广场、观赏水系、紫藤花架等，形成活动类型丰富、环境宜人的营地空间。

南侧营地位于百丈溪西侧，以办公、生活为主要功能。主入口设于营地北侧，入口广场正对办公建筑，南侧则为食堂、宿舍等生活建筑，配套篮球场、网球场等活动场地，外围车行道环通（图 8.6-13）。南侧营地建筑形式为常见的坡屋顶建筑，以暖色为基调，采用暖白色外墙结合砖红色屋顶，在当地独具特色。

（4）洞口装饰

桐柏抽蓄各类洞口分散于场地各处。其中进厂交通洞位于业主营地东侧，采用与电站整体相统一的浅灰

图 8.6-12　北侧业主营地鸟瞰图

图 8.6-13　南侧业主营地鸟瞰图

图 8.6-14　进厂交通洞口

图 8.6-15　通风洞口

色系工业风格，钢结构装饰构架及格栅化的玻璃装饰展现了更为现代轻巧的工业特色（图 8.6-14）。

另外，部分桐柏电站时期建设的洞室仍处于正常维护运营中，由于桐柏电站建设时间较早，洞口位置较为分散，部分隧洞口区域被划入后续规划建设的天台山大瀑布景区之中。根据洞口位置及使用情况，对不同类型的洞口进行了遮挡与装饰，如通风洞位于景区游步道路侧，景区运营中对其进行了隔离遮挡处理（图 8.6-15）；另有一处洞口位于瀑布范围，景区对洞口进行了块石装饰，做好防水措施并保留了检修通道（图 8.6-16），使其融入瀑布景观，同时也确保电站正常运营。

图 8.6-16　检修洞口

8.6.3 总结

桐柏抽蓄电站以其特殊的建设时序和独特的场地环境形成以下两大特征：

自然融合：桐柏抽蓄下水库库周山林密布，山势挺拔，局部自然岩面裸露，具有鲜明的花岗岩地貌特征。下水库左岸设有库岸公路，路侧绿地均由自然植被覆盖，道路边坡也已全部覆绿。右岸仅设置人行步道，隐于山林之间。整体较其他电站开挖较少，环境影响较低，景观上与自然融合更为紧密。

亲和开放：桐柏抽蓄上水库由于是由原有水库改建而成，周边居民在桐柏抽蓄建成后并未搬离，而是仍进行着农耕等日常活动，也有居民凭借上水库绿水青山的优美环境在当地开设民宿、餐饮等。上水库虽在水岸边坡上设置了隔离护栏，但环库公路全线对公众开放，相比其他封闭的电站库区，桐蓄上水库更具有亲和性，对地方旅游产业发展也起到积极作用。

桐柏抽蓄电站作为少数对公众部分开放的抽蓄电站，其电站的日常维护管理和当地利用水库资源带动的产业发展之间形成较好的平衡，也为后续其他抽蓄电站发展提供思路。

参考文献

[1] 张春生，姜忠见 . 抽水蓄能电站设计 [M]. 北京：中国电力出版社，2012.

[2] 林铭山 . 国网新源控股有限公司抽水蓄能电站工程通用设计丛书：细部设计分册 [M]. 北京：中国水利水电出版社，2016.

[3] 李喜印 . 水库型水利风景区资源保护与利用研究 [D]. 福州：福建农林大学，2012.

[4] 水综合 [2004]143 号，水利风景区管理办法 [Z]. 2004.

[5] 环发 [2014]65 号，关于深化落实水电开发生态环境保护措施的通知 [Z]. 2014.

[6] 邓军华 . 水利水电工程生态景观设计研究 [J]. 中国水运，2016，16（9）：222–223.

[7] 许辉熙，卢正，何政伟，等 . 水电站库区土地利用景观空间分异特征 [J]. 地理空间信息，2009（6）：49–52.

[8] 卢锟明，赵文发，黄晓华，等 . 综合利用抽水蓄能电站初步探讨 [J]. 水电与抽水蓄能，2017.

[9] J. V H. Geographische und Geologische Forschungen in Santa Catharina（Brasilien）. By Reinhard Maack，Z. d. Gesell. f. Erdkundezu Berlin，Ergnzungsheft V. 1937 [J]. Geological Magazine，1938，75（7）：327.

[10] Sauer Carl O. The Morphology of Landscape [J]. University of California Publications in Geography，1925. 19–54，63–65.

[11] 肖笃宁 . 景观生态学 [M]. 北京：科学出版社，2010.

[12] 邬建国，李百炼，伍业钢 . 缀块性和缀块动态 [J]. 生态学，1992，11（4）：41–45.

[13] 邬建国 . 景观生态学 [M]. 北京：高等教育出版社，2007.

[14] [日] 芦原义信 . 外部空间设计 [M]. 南京：江苏凤凰文艺出版社，2017.

[15] 王若玎，赵凯 . 水库坝区景观设计的方法思考 [J]. 河南水利与南水北调，2008（12）：56–58.

[16] 王彦军 . 浅谈水利工程与景观设计的融合 [J]. 工程技术（引文版），2016（11）：00216–00217.

[17] 俞孔坚，孝迪华 . 生物多样性保护的景观规划途径 [J]. 生物多样性，1998（3）：205–212.

[18] 陈冬冬，崔军，周淮，等 . 水利建设中的景观设计探讨 [J]. 中国水利，2013，11（26）：61–62.

[19] 方草 . 景观生态化设计理论在水电站开发中的应用初探 [J]. 水电站设计，2009（1）：90–93.

[20] 杨曦，董珊珊 . 浅谈水电站场内道路设计 [J]. 水利科技与经济，2010，16（11）：1297–1298.

[21] 林川 . 水库消落带湿地植被的时空演替模式及其适生机制研究 [D]. 北京：首都师范大学，2014.

[22] 陈琛 . 浅析弃渣场的生态修复 [J]. 黑龙江水利科技，2018，46（3）：86–87.

[23] 张丹，高广路 . 试论水库旅游的发展战略 [J]. 中国农村水利水电，2008（6）：65–67.

[24] 丁厚春，姜丽 . 国内水库风景区旅游资源开发利用研究综述 [J]. 黄冈师范学院学报，2013（5）：99–102.

[25] 冯睿 . “听，林音”——五峰县黄龙洞水电站景观改造设计 [J]. 环境与发展，2018，30，146（9）：254–255.

[26] 郭晋平．森林景观生态研究 [M]. 北京：北京大学出版社，2001.

[27] 高小虎，宋桂龙，韩烈保，等．山区道路生态修复中的景观设计 [J]. 中国水土保持，2007（12）：55–56.

[28] 朱仕荣，詹卉，浦恩辉．大型水电工程建设项目园林绿化方案设计初探——以糯扎渡水电站业主营地为例 [J]. 林业建设，2008（4）：38–41.

[29] 祁承经，汤庚国．树木学 [M]. 北京：中国林业出版社，2005.

[30] 芦建国，杜培明．园林植物造景 [M]. 北京：旅游教育出版社，2011.

[31] 胡长龙．园林规划设计 [M]. 北京：中国农业出版社，2010.

[32] 马军山．水库景观设计研究 [J]. 浙江林学院学报，1997，14（2）：178–181.